·面向师范类院校计算机系列教材·

C语言程序设计

主　编◎尹　乾

副主编◎张　锦　胡晓雁　江海燕　黄宝贵　冯丽萍

北京师范大学出版集团
BEIJING NORMAL UNIVERSITY PUBLISHING GROUP
北京师范大学出版社

图书在版编目(CIP)数据

C语言程序设计 / 尹乾主编. — 北京：北京师范大学出版社，2024.4

(面向师范类院校计算机系列教材)

ISBN 978-7-303-29461-9

Ⅰ.①C… Ⅱ.①尹… Ⅲ.①C语言－程序设计－高等学校－教材 Ⅳ.①TP312.8

中国国家版本馆 CIP 数据核字(2023)第 211459 号

图书意见反馈: gaozhifk@bnupg.com 010-58805079
营销中心电话: 010-58802181 58805532

出版发行：北京师范大学出版社 www.bnupg.com
　　　　　北京市西城区新街口外大街 12-3 号
　　　　　邮政编码：100088
印　　刷：北京虎彩文化传播有限公司
经　　销：全国新华书店
开　　本：787 mm×1092 mm　1/16
印　　张：16
字　　数：369 千字
版　　次：2024 年 4 月第 1 版
印　　次：2024 年 4 月第 1 次印刷
定　　价：48.00 元

策划编辑：赵洛育　　　　　　　责任编辑：赵洛育
美术编辑：焦　丽　李向昕　　　装帧设计：焦　丽　李向昕
责任校对：陈　民　　　　　　　责任印制：马　洁　赵　龙

内容简介

《C语言程序设计》全书共 12 章，主要内容包括：第 1 章，介绍了程序设计语言及 C 语言的发展历程和开发环境；第 2 章，剖析 C 语言程序的基本结构和基本元素；第 3～第 5 章，介绍了 C 语言的选择、循环程序控制结构和函数的基本概念及使用；第 6 章，介绍了 3 种基本数据类型及 8 类运算符和表达式，第 7～第 9 章，介绍了数组、结构体、共用体、枚举和指针等几种构造类型的定义和使用方法；第 10 章，介绍了函数的嵌套调用、递归调用、变量的作用域和生存期及编译预处理命令；第 11 章，介绍了更复杂的指针进阶操作，包括指针数组与多级指针、指向二维数组的指针变量、动态分配内存、指针与函数的关系及单向链表等；第 12 章，介绍了文件的打开、关闭和读写等操作。

本书在准确讲解概念的基础上引入了大量实例，由浅入深、层层递进地分析题目及可能的变形求解，旨在培养学生的自主思考能力和实践动手能力，每章后均附有例题和习题。

本书内容丰富、结构合理，可作为师范类院校学生的程序设计课程教材或计算机公共课的教材，也可作为高职、高专及非计算机专业本科学生的计算机教材，同时还可以作为编程工作者或编程爱好者的自学用书。

前　言

2022 年，习近平总书记在中国共产党第二十次全国代表大会上的报告中指出："教育、科技、人才是全面建设社会主义现代化国家的基础性、战略性支撑""加强基础学科、新兴学科、交叉学科建设，加快建设中国特色、世界一流的大学和优势学科"，并强调"深化教育领域综合改革，加强教材建设和管理"。而深入实施科教兴国战略、人才强国战略、创新驱动发展战略的其中一个重要途径就是研发高质量的教材。教材是人才培养的重要支撑，也是引领创新发展的重要基础。

为了使教材更好地服务于人才强国战略，加快创新人才的培养，以及解决目前针对师范生教育的程序设计类教材匮乏的问题，我们根据多年从事计算机程序设计类课程的教学经验，按照学生对程序设计的认知规律，组织编写了《C 语言程序设计》。本书的编写原则是重点突出、通俗易懂、分析透彻，引导学生由浅入深地进行学习，掌握 C 语言程序设计的基础知识和技能，提高学生分析和处理问题的能力及动手实践能力。本书还融入了思政德育元素，在培养学生独立分析和解决问题能力的同时，将培养爱国主义情怀、钻研精神等元素融入 C 语言程序设计的课程内容，以潜移默化的方式将思政教育和 C 语言程序设计课程教学融合在一起，使教材内容与时代发展的要求同步，与师范生教育对程序设计类教材的需求一致。

本书可作为师范类院校学生的程序设计类课程教材或计算机公共课的教材，也可作为高职高专及非计算机专业本科学生的参考用书，同时还可以作为编程工作者或编程爱好者的自学用书。

本书由尹乾老师主编，各章节编写分工如下：第 1 章和第 2 章由胡晓雁老师编写；第 3 章和第 4 章由江海燕老师编写；第 5 章和第 10 章由张锦老师编写；第 6 章和第 12 章由黄宝贵老师编写；第 7 章和第 8 章由冯丽萍老师编写；第 9 章和第 11 章由尹乾老师编写；全书统稿和修改由尹乾老师完成。

虽然各位参与编写的老师都很认真努力，但由于作者自身的专业水平和写作功底有限，书中难免存在不足之处。恳请读者批评指正。

编者
2023 年 5 月

目 录

第 1 章　C 语言概述

　　C 语言是一门"古老"且非常优秀的结构化程序设计语言，具有简洁、高效、灵活等优点，因而深受广大编程人员的喜爱。本章为学习和使用这一强大而流行的语言做准备，介绍程序设计语言及 C 语言的发展历程，并简要介绍 C 语言程序开发需要用到的几种环境。

1.1　程序设计语言简述

　　计算机通过执行程序完成其工作，所谓的程序就是人与机器进行"对话"的语言，即人们常说的程序设计语言。

　　程序设计语言的发展经历了 3 个阶段：

机器语言

　　机器语言是低级语言，也称为二进制代码语言。计算机使用的是 0 和 1 组成的一串指令来表达计算机的语言。计算机语言的特点是计算机可以直接识别并执行，执行效率高。

汇编语言

　　汇编语言是面向机器的程序设计语言，是用英文字母或者字符串来代替机器语言的二进制代码，把不易理解和使用的机器语言变成汇编语言。与机器语言相比，汇编语言方便阅读和理解程序。

　　由于机器语言和汇编语言都是依赖机器的语言，所以这两种语言被称为"低级语言"。

高级语言

　　由于汇编语言依赖硬件体系，并且汇编语言中的助记符号数量比较多，为了使程序语言能更贴近人类的自然语言，同时又不依赖计算机硬件，于是产生了高级语言。这种语言的语法形式类似于英文，又可以不依赖硬件直接操作，使得普通人易于理解与使用。其中影响较大、应用广泛的高级语言有 C、C++、Java、Python 等。

　　计算机只能理解机器语言，不能理解汇编语言和高级语言，所以必须把汇编语言或高级语言编写的程序"翻译"成机器语言才能被执行。把汇编语言程序翻译成机器语言的过程称为"汇编"，把高级语言程序翻译成机器语言有两种方式：一种是"解释"，另一种是"编译"。C 语言属于编译型语言。

1.2　C 语言的历史

　　1969 年的美国贝尔实验室是当时科技界的梦工厂，集结着世界上最富创造力的科学家和工程师，其中有数位诺贝尔奖获得者。肯·汤普森(Ken Thompson)非常喜欢玩游戏，他使用 B 语言设计了一个名叫 Space Travel 的游戏，并能运行在非常笨重的大型机上。这台机器虽然运算能力出众，但显示效果很差，并且价格昂贵，于是他和同事 DM 里奇(D. M. Ritchie)找到了一台空闲的机器——PDP-7。但是这台机器还是裸机,没有运行在其上的操作系统,于是 Ken Thompson 着手为 PDP-7 开发操作系统,后来这个操作系统(OS)被命名为——UNIX。

UNIX 的优雅加上 Space Travel 的吸引力,使很多人希望他们的计算机上也能安装 UNIX,于是 Ken Thompson 和 D. M. Ritchie 决定用高级语言编写 UNIX,这样它就能运行在更多类型的计算机上。1972 年,Ken Thompson 继续完善 UNIX,D. M. Ritchie 设计新语言,两人一起开发编译器,因为该语言以 Ken Thompson 早期设计的 B 语言为基础,所以取 BCPL 的第二个字母"C"作为该语言的名字——C 语言。

1973 年,C 语言的主体完成。Ken Thompson 和 D. M. Ritchie 迫不及待地使用 C 语言重写了 UNIX。此时编程的乐趣已经使他们完全忘记了那个"Space Travel",一门心思地投入了 UNIX 和 C 语言的开发中。自此,C 语言和 UNIX 相辅相成地发展至今。

C 语言自诞生之后,不断被发展完善,同时也吸引了越来越多的编程爱好者加入 C 语言的阵营。

1978 年,丹尼斯·里奇(Dennis Ritchie)与布莱恩·柯林汉(Brian Kernighan)合作出版第一本有关 C 语言的书 *The C Programming Language*。此书出版后便成为 C 语言程序员的宝典,被当作事实上的标准。这本书中定义的 C 语言称作"K&R C"。K&R C 引入了以下几个主要的语言特性。

(1)标准 I/O 库。

(2)long int 数据类型。

(3)unsigned int 数据类型。

(4)组合操作符=op 的形式改为 op=。

在相当长的一段时期内,K&R C 作为事实上的 C 语言标准,为程序员们编写新的 C 语言编译器提供了参考。然而,K&R C 并没有对一些语言特性进行精确描述,而且将 C 语言的特性和属于 UNIX 的内容混杂在一起。另外,在这期间 C 语言还在不断变化。因此,迫切需要一种正式的标准来对 C 语言进行全面、准确而及时地描述。

1983 年,美国国家标准协会(ANSI)组织了 X3J11 委员会开始编制 C 语言标准。经过多次修订,1988 年该委员会完成了 C 语言标准。该标准于 1989 年 12 月正式通过 ANSI 的认证,成为 ANSI 标准簇中的一员,被命名为 X3.159-1989。该标准描述的 C 语言也被称作 ANSI C。次年,该标准经过格式上的调整,被国际标准化组织(ISO)采纳成为 ISO/IEC 9899－1990 国际标准。因此 ANSI C 有时又被称为 ANSI/ISO C,C89 和 C90,或者被直接称作标准 C。C89 对 K&R C 的修改主要有以下几点。

(1)增加了函数原型,对函数的输入参数进行严格类型检查。

(2)增加了关键字 void、const、volatile、signed、enum,删除了关键字 entry。

(3)传递结构,允许结构本身作为参数传递给函数。

(4)增加了预处理命令 #elif、#error、#line、#pragma。

(5)定义固有宏:__LINE__、__FILE__、__DATE__、__TIME__、__STDC__。

(6)增加了真正的标准库。

20 世纪 90 年代后期,C 语言进一步发展。ISO 在 1999 年发布了 ISO/IEC 9899－1999 国际标准。2000 年,这一标准也被 ANSI 采纳。该标准描述的 C 语言也被称作

C99。与之前的标准相比，C99 增加了很多新的特性，例如：

(1)支持不定长的数组，允许数组的长度在运行时决定。

(2)变量声明不必放在语句块的开头。

(3)初始化结构时允许对特定元素赋值。

(4)取消函数返回类型默认为 int 的规定。

(5)增加了 inline 关键字，支持内联函数。

(6)支持以//开始的单行注释。

(7)支持新的数据类型 long long int 和 complex。

(8)扩充了标准库。

2007 年，对 C 语言的新一轮修改提上日程。2011 年 12 月 ISO 正式发布了 C 语言的新国际标准规范 ISO/IEC 9899－2011。符合这个标准的 C 语言也被称为 C11 或更正式的 C1X。与 C99 相比，C11 包括了对 C99 语言及库规范的一些修订，例如：

(1)多线程支持。

(2)增强的 Unicode 支持。

(3)删除在之前版本中已不推荐使用的 gets()函数，提供了新的更安全的函数 gets_s()。

(4)匿名结构体和联合。

尽管 C11 是 C 语言的最新标准，但并不是所有编译器对 C 语言最新标准都完全支持。以目前最常用的两个编译器 GCC 和 Microsoft Visual C++为例，GCC 完全支持 C89/90、C99 和 C11，而 Microsoft Visual C++完全支持 C89/90，部分支持 C99(C99 中与 C++兼容的部分)，而对 C11 并没有提供支持。

因此，为了保持编写的程序在编译器间的可移植性，尽量使用 C89/90，在使用 C99 及以上语言特性时，考虑其他目标编译器的支持方案。

1.3　C 语言的优点

C 语言有以下优点。

(1)简洁紧凑，灵活方便。C 语言的关键字只有 32 个，控制语句 9 种，主要由小写英文字母表示。

(2)丰富的运算符。C 语言提供了多达 34 种的运算符，因此其运算类型极其丰富，可完成其他程序设计语言难以完成的运算。

(3)丰富的数据类型。C 语言提供的数据类型较多，能够实现各种复杂数据结构的运算。

(4)语法不太严格，书写较为自由。C 语言的语法相对其他程序设计语言来说不太严格，因此在编写程序时其自由度较大。

(5)可直接访问物理地址并对硬件操作。C 语言可以深入硬件中，能进行位操作，可以实现汇编语言的很多功能，因此 C 语言具有高级和低级语言的双重功能，既可以编写系统软件，也是进行嵌入式开发的有力工具。

(6)生成代码质量高，执行效率高。

(7)适用范围广，可移植性好。一般不做修改或者做少量的修改就能运行于不同的计算机和不同的操作系统。

1.4　开发环境

"工欲善其事，必先利其器"。可见工具对于完成事情有着非常积极的作用。目前，C语言的开发环境较多，下面就介绍几款主流的C语言开发工具。

1.4.1　开发工具介绍

(1)Visual C++。

Visual C++是微软公司推出的基于 Windows 平台的可视化集成开发环境 Visual Studio 的组成部分之一。Visual Studio 支持多种开发语言，包括 Visual Basic、C♯、ASP 等。Visual Studio 是一个通用的应用程序集成开发环境，包含编辑器、资源编辑器、工程编辑器和各种开发资源、程序库等，可用于开发 Android、iOS、Windows 和 Web 的应用程序。

Visual C++的发展历史可谓悠久，从 20 世纪 90 年代初的 Microsoft C/C++ 7.0，到 1992 年推出的集成了 MFC 的 Visual C++ 1.0，由此，程序员可以很方便地开发面向 Windows 操作系统的程序。后来微软又陆续推出了 Visual C++的升级版本，直到 1998 年的 Visual C++ 6.0，成了一个经典的 C/C++语言编程开发工具。随后，Visual C++跟随 Visual Studio 开发套件一起，开始采用年份来命名不同版本。微软陆续推出了 Visual Studio．Net 2003、Visual Studio 2005、Visual Studio 2008 等直至最新版 Visual Studio 2022。

使用 Visual C++及相关工具，程序员可以完成创建、调试、修改 C 或者 C++程序的工作。最新版的 Visual Studio 分为社区版、专业版和企业版，其中的社区版可供免费下载，并适用于教室学习、学术研究、开源项目等用途。

(2)Dev-C++。

Dev-C++是一个 Windows 环境下的适合于初学者使用的轻量级 C/C++集成开发环境(IDE)。它是一款自由软件，遵守 GPL 许可协议分发源代码。它集合了 MinGW 中的 GCC 编译器、GDB 调试器和 AStyle 格式整理器等众多自由软件。最新版本为 5.11。

(3)Code∷Blocks。

Code∷Blocks 是一个免费的跨平台 IDE，它支持 C/C++和 Fortran 程序的开发。Code∷Blocks 的最大特点是，支持通过插件的方式对 IDE 自身功能进行扩展，这使得 Code∷Blocks 具有很强的灵活性，方便用户使用。

Code∷Blocks 本身并不包含编译器和调试器，它仅仅提供了一些基本的工具，用来帮助编程人员从命令行中解放出来，使编程人员享受更友好的代码编辑界面。不过，后期 Code∷Blocks 的开发型版本已经以插件的形式提供了编译和调试的功能。

如何选择开发工具以及相应的版本，需要综合考虑多方面的因素，例如，程序开发的软硬件资源有哪些、程序部署和运行的目标平台的软硬件环境如何等。而对于 C 语言的初学者而言，一种可行的策略是化繁为简，选择相对简洁一些的工具来进行语言的学习，而不必过于追求大而全的开发软件，也不必强求使用相关软件的最新版本。

就本书而言，选择 Code∶∶Blocks 作为程序开发工具，相应的例子都在此环境中运行调试通过。读者也可以使用其他的开发工具学习本书。

1.4.2　Code∶∶Blocks 下载与安装

(1)打开浏览器，输入网址：http://www.codeblocks.org/，打开 Code∶∶Blocks 官方首页，如图 1-1 所示。

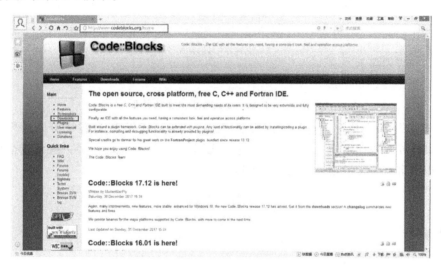

图 1-1　Code∶∶Blocks 官方首页

(2)选择"Downloads"选项进入如图 1-2 所示界面。然后选择"Download the binary release"选项。

图 1-2　Code∶∶Blocks 下载界面

（3）单击 codeblocks-17.12mingw-setup.exe 右边的 Sourceforge.net 按钮即可下载，如图 1-3 所示。

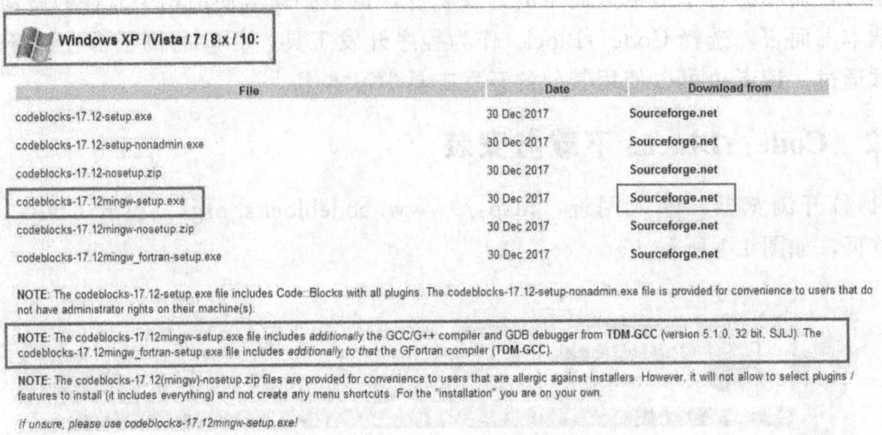

图 1-3　Code∷Blocks 版本选择界面

（4）等待下载完毕后，打开程序安装 Code∷Blocks。安装过程中可以选择默认选项。如果想要改变程序安装目录，请尽量不要选择带有中文的路径，这可能会导致程序因不识别带有中文的路径而无法正常启动。

习　题

选择题

1. C 语言是（　　）。

A. 自然语言　　　　B. 汇编语言　　　　C. 机器语言　　　　D. 高级语言

2. 以下有关 C 语言的描述，不正确的是（　　）。

A. C 语言是一种高效率的编程语言

B. C 语言不能实现对硬件的访问

C. C 语言有丰富的运算符

D. C 语言有丰富的数据类型

3. 以下不是 C 语言开发环境的是（　　）。

A. Code∷Blocks　　B. Visual Studio　　C. Dev C++　　　　D. Anaconda

第 2 章　编写基本的 C 程序

本章以一个 C 语言程序"Hello World"为例，向读者剖析 C 语言程序的基本结构和基本元素，以便读者能够尽快地完成第一个程序的实践。2.2 节介绍如何使用命令行或 codeblocks 操作来对程序进行编译运行。本章还对 C 语言的核心内容进行了简略的介绍，并辅以程序样例，从而让读者能够了解 C 语言的概貌，尽早使用 C 语言编写一些简单的程序并运行之，鼓励 C 语言初学者在做中学，有效降低学习的难度。

2.1　第一个 C 程序

"Hello World"程序几乎是每一个 C 语言学习者所编写的第一个 C 语言程序。该程序的作用是在计算机屏幕上打印(显示)一行文字"Hello，World!"。这个程序是由贝尔实验室的布莱恩·克尼汉(Brian Kernighan)创建的。布莱恩·克尼汉是《C 程序设计语言》的作者，他在这本书中第一次引用了这个"Hello World"程序，而这本书的另外一个作者就是著名的丹尼斯·里奇(Dennis Ritchie)——C 语言之父。

下面先来看看"Hello World"程序的样貌：

(程序清单 2.1_hello. c)

```
/*
2.1_hello.c:在屏幕上输出 Hello World
*/
# include<stdio.h>
int main(void)
{
    printf("Hello,World!\n");
    return 0;
}
```

程序清单 2.1 给出了"Hello World"程序的源代码。这是一个非常简单的 C 语言程序，但"麻雀虽小，五脏俱全"。下面简要解释"Hello，World"程序中出现的各个 C 语言语法要素和程序组成部分。

语句

程序清单 2.1 中第 7、第 8 行：

```
printf("Hello,World!\n");
return 0;
```

这两行包含了两条 C 语言程序语句，分别以分号";"为结尾。语句是组成 C 语言程序的基本单位之一。一个简单的 C 语言程序包含数十条、数百条语句，而一个复杂的 C 语言程序则包含数万条甚至数百万条语句。语句 printf("Hello，World!\n")；完成了

7

在计算机屏幕上打印输出"Hello，World!\n"的功能，而 return 0；这条语句则完成了程序执行结束并返回的功能。

C语言程序中，一条语句一般占据一行，但也可以把多条语句写在同一行中。也就是说，如下写法是允许的：

```
printf("Hello,World!\n");return 0;
```

虽然上面的写法符合 C 语言的规定，但在实际应用中并不推荐。因为这样的写法会让程序看起来不那么简单清晰，而且也并不能节省存储空间。一方面，如果将多条语句写在一行，则将对程序的调试带来困扰，因为大多数调试器都是以行为单位进行调试的；另一方面，程序中某条语句如果非常长，则可以利用"\"符号，将其拆成两行或更多行来书写，这时 C 语言的编译器仍然将其识别为一条语句。例如：

```
printf("Hello,Welcome to \
C World!\n");
```

与

```
printf("Hello,Welcome to C World!\n");
```

在编译器进行编译处理时会被认为是一样的语句。

需要注意的是，初学者编程时往往容易漏掉作为语句结尾的"；"，在编译时，C 语言编译器会提示报错。另外一个初学者常犯的错误是在中文输入法状态下输入分号"；"，这往往很难用肉眼看出错误，但编译器会指出错误所在的行并进行相关提示。如果没有明显的其他错误，那么可以查看是否将 C 程序中的符号输入成了中文符号。

主函数

程序中的 int main(void)是"Hello World"程序的主函数。这是程序的入口，是程序开始执行的地方。C 语言规定，每一个 C 语言程序都必须编写一个 main()函数，并且只能有一个 main()函数。

函数的英文名是 function，是指将一系列连续的语句集合在一起并赋予一个名字，这些语句共同完成一个功能，可以是计算一组数据的平均值，也可以是读取硬盘的一个文件等。这些聚合在一起的一系列语句就构成了一个函数，而赋予的名字则是该函数的函数名。如本例中，"main"是函数的名字，故而被称为 main()函数。

"Hello World"程序的 main()函数只包含两条语句，这两条语句被一对花括号{}所包括，构成了 main()函数的主体内容，称为 main()函数的函数体。当然实际应用中，程序的 main()函数体可能会比这个例子的函数体复杂得多。

"main"前面的 int 是指 main()函数的返回值类型是整型，(void)则是指 main()函数的参数列表为空。关于函数的返回值类型以及参数列表，将在第 5 章进行详细讲解。

函数调用

在 main()函数体中，有一条语句 printf("Hello，World!\n");，这里的 printf 也是一个函数。它的函数名是 printf，完成的功能是在屏幕上输出信息。printf()函数有一个参数，传输需要让 printf 打印输出的内容。本例中，传递给该参数的值就是字符串（string）"Hello，World!\n"。

在编写程序时，并不是所有的语句都要写在 main()函数里面，这样会使得程序过于庞大而无法维护。本例中，要实现在计算机屏幕上输出一串信息这样的功能并不容易，因为这涉及将"Hello，World! \ n"从计算机内存送到计算机显示器，并让显示器在合适的位置显示出来的一系列过程。而 printf()函数是 C 语言标准库的程序，已经被编制好并随编译器提供。程序员只需要像程序清单 2.1 第 7 行那样，写下语句：

```
printf("Hello,World!\n");
```

就可以直接使用 printf()函数的输出功能，实现输出指定的字符串任务。像这样使用已经编制好的具有特定功能的函数，称为函数调用（calling）。换句话说，调用 printf()函数以输出字符串。

输出函数 printf( )

main()函数调用的 printf()函数，是一个功能非常强大的输出函数。它提供了丰富的数据输出格式，用以在计算机屏幕上显示程序运行的情况。在接下来的章节中会反复用到这个函数，这里只简单用到了它的基本功能输出一串字符串。在 C 语言中，字符串指的是包含在一对双引号中的文本内容，本例中的字符串"Hello，World!\n"是由英文字母和标点符号构成。读者可能已经注意到了在字符串中的" \ n"。这个字符是 C 语言中的转义字符，在 printf()函数下并不会像"Hello，World!"那样照常显示在屏幕上。转义字符" \ n"表示一个换行符，其含义是在屏幕上输出一个换行。换言之，在输出"Hello，World!"之后输出一个换行，光标将跳到下一行的开始处进行闪烁，等待新的输入。事实上，printf()函数还可以打印很多其他的转义字符，将在 2.6 节中进一步描述。

头文件包含

前面提到 main ( ) 函数中调用了 printf ( ) 函数，用以实现打印输出"Hello，World!"。在代码中可以看到 main()函数的函数体，其中包含两行代码，却并没有看到 printf 的函数体。这是因为 printf()函数是 C 语言标准库中的代码，已经被编译进了 C 语言标准程序库，跟随 C 语言编译器一并提供给程序员，是可以直接被调用的。调用者只需要在程序的起始位置给出含有 printf()函数声明的头文件即可。这项工作由下面的语句来完成：

```
# include<stdio.h>
```

其中，stdio. h 被称为头文件，它的文件名是 stdio，含义是标准输入输出（standard input output）。头文件一般以 .h 为后缀，表明头文件类型是 header 类型的文件。如果打开 stdio. h 文件，那么会发现这个文件中有很多行代码，其中有一行就是 printf()函数的声明。因此，编译器可以通过 stdio. h 来确认存在 printf()函数，并执行对该函数的调用。

头文件包含如下两种形式：

```
# include<stdio.h>
# include "mylib.h"
```

其中第一种形式，采用尖括号，表明包含的头文件存放在编译器的默认路径或事先在设置中设定好的路径中，编译器将在这些路径中查找这些头文件。

而第二种形式，则是在头文件两边都使用双引号。对这些头文件，编译器会在本程序文件所在的目录中寻找。也就是说，这些头文件与程序存放在同一个目录中。

使用 printf() 函数来输出文本或数字，是了解程序运行状况和运行结果的主要途径，所以绝大部分程序都会调用 printf() 函数。因此，本书中几乎全部程序都要求在第一行包含 stdio.h 头文件。

注释

在程序清单 2.1 中的开头有如下 3 行：

```
/*
hello.c:在屏幕上输出 Hello World
*/
```

这 3 行并不是实际运行的代码，而是程序的注释，是给程序员理解程序、交流程序时使用的。也就是说，代码是写给机器并令其运行的，而注释则是写给人看的。C语言编译器(实际上是 C 语言预处理器)一般不会去处理注释，而是选择把注释忽略掉。

C 语言注释的写法是使用 /* 符号作为注释的开始，而使用 */ 作为注释的结束，注释内容可以写在一行，也可以分多行来编写。

不能在注释里面出现包含注释开始、结束符号的字符序列，例如，/* 和 */，以免让编译器搞不清楚注释什么时候开始和什么时候结束。

下面的注释写法就是错误的：

```
/* one /* two */ */
```

预处理器会认为 /* one /* two */ 是注释，并将其忽略。这样剩下的 */ 则会导致编译错误。

在 C99 标准中，又增加了一种注释的写法，就是使用两条斜杠 // 来编写注释。所以，程序清单 2.1 中的注释还可以有如下写法：

```
//hello.c:在屏幕上输出 Hello World
```

这种注释方法的好处是写起来很方便，相比起 /* 、 */ 需要 3 个不同的按键共同配合(键盘上的 shift、 *、 /)，两条斜杠的注释方法则只需要将一个按键按下两次即可。但这种注释方法不能像 /* 、 */ 那样注释多行内容，其注释内容从 // 开始，到这一行的末尾结束。

程序员需要养成在编写代码的同时编写注释的习惯。良好的注释应该言简意赅、简洁精练，能够帮助阅读程序的人迅速了解代码的意图和实现方法。相反，过于冗长繁杂、词不达意的注释不但达不到编写注释的初衷，反而可能干扰阅读程序的人对代码意图的理解。读者可以自行体会下面的程序片段和注释：

（程序清单 2.2_circle_area1.c）

```
/*
2.2_circle_area1.c 计算圆的面积
*/
# include<stdio.h>
int main(void)
{
    float a=3.14;               /* a 是圆周率,约等于 3.14 */
    float b=1.2;                /* b 是半径,设为 1.2 */
    float c=0.0;                /* c 是半径的平方,初始值设为 0.0 */
    float d=0.0;                /* d 用来保存圆的面积,初始值设为 0.0 */
    c=b*b;                      /* 半径的平方等于半径乘半径 */
    d=a*c;                      /* 圆面积等于圆周率乘半径的平方 */
    printf("area=%f",c);        /* 打印输出圆面积的计算结果 */
    return 0;
}
```

上述代码是用来计算圆面积的一段程序，其中每条代码都给出了注释。但变量的名字不够直观，仅仅通过代码理解程序的功能比较费时。而通过注释理解程序，注释却又略显烦琐。

事实上，实现同样一个功能，可以通过设计恰当的变量名，编写合理的程序计算步骤，让程序能够自己说话，再辅以精练的注释，让读者能够迅速把握程序的意图和实现方法。读者可以对比如下的程序片段和相应的注释：

（程序清单 2.2_circle_area2.c）

```
/*  2.2_circle_area2.c 计算圆的面积 */
# include<stdio.h>

int main(void)
{
    float pi=3.14;
    float radius=1.2;
    float radius2=0.0;          //保存半径的平方
    float area=0.0;
    radius2=radius*radius;
    area=pi*radius2;
    printf("area=%f",area);     //打印输出圆面积的计算结果
    return 0;
}
```

2.2　编译运行"Hello World"程序

命令行下使用 GCC 编译"Hello World"程序

在大多数 Linux 系统中，GCC 是已经安装好了的编译器，可以直接使用。而在 Windows 系统中，如果安装的是 Code::Blocks（由于 Code::Blocks 本身是一个集成开发环境），则具体编译的命令一般依赖系统上所安装的 C 语言编译器。若安装的是带有 MinGW 的版本（如 codeblocks-17.12mingw-setup.exe）则安装后将会在 Code::Blocks 安装目录下有一个 MinGW 目录，可以在这个目录下找到 bin 文件夹下的 gcc.exe 文件。

```
gcc hello.c -o Hello World
```

其中 gcc 是编译器程序，hello.c 是写好的 C 程序，-o Hello World 表示设置可执行程序的名字为 Hello World。如果不使用-o Hello World 命令的话，则输出的可执行文件名为 a.exe（Windows 平台）或者 a.out（Linux 平台）。

Code::Blocks 集成开发环境中编译"Hello World"程序

使用 Code::Blocks 打开 2.1_hello.c 文件，选择"Build"菜单中的"Build and run"选项，如图 2-1 所示。

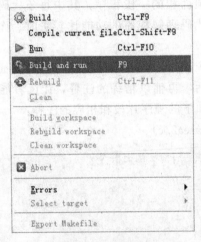

图 2-1　"Build"菜单

这是 Code::Blocks 中的一个组合命令，依次执行了 Build（构建）和 Run（运行）两个命令，其中 Build 命令执行了对 2.1_hello.c 程序的编译，如果编译过程顺利执行的话，结果会得到一个名为 2.1_hello.exe 的可执行程序。Run 命令则执行 2.1_hello.exe 程序。

2.3　显示更多内容

在本章的 2.1 节中介绍了 printf() 函数的基本使用方法。printf() 函数是 C 语言标准库中非常有用的一个函数，也是初学者在每个程序中都会用到的函数。因此有必要进一步解释该函数的若干用法，这对后面的学习以及初学者编写程序、查找程序错误、输出程序执行结果等都非常有帮助。

在"Hello World"程序中，使用 printf（）函数在屏幕上显示输出字符串"Hello，World！"。事实上，可以利用 printf（）函数在屏幕上显示更多的信息。例如，下面的程序段是在"Hello World"程序基础上做了一定的修改，用来显示一段英文小说：

（程序清单 2.3_stroy.c）

```
/*
2.3_story.c:在屏幕上输出一个小故事
*/
# include<stdio.h>
int main(void)
{
    printf("This is,to me,");
    printf("the loveliest and saddest landscape in the world.");
    printf("\n");              //换到下一行再输出
    printf("It is the same as that on the preceding page,");
    printf("but I have drawn it again to impress it on your memory.");
    printf("\n");
    printf("It is here that the little prince");
    printf("appeared on Earth,and disappeared.");
    return 0;
}
```

甚至可以用 printf()函数打印一些有趣的图形，例如，下面的程序可以输出一个用星号堆出的三角形：

（程序清单 2.4_stars_triangle.c）

```
/*
2.4_stars_triangle.c:在屏幕上输出星号三角形
*/
# include<stdio.h>
int main(void)
{
    printf("    *    ");
    printf("\n");                //换到下一行再输出
    printf("   ***   ");
    printf("\n");
    printf("  *****  ");
    printf("\n");
    printf(" ******* ");
    printf("\n");
    printf("*********");
    return 0;
}
```

这个程序也可以简化为如下代码：

```
int main(void)
{
    printf("    *    \n");
    printf("   ***   \n");
    printf("  *****  \n");
    printf(" ******* \n");
    printf("*********\n");
    return 0;
}
```

也可以利用 printf() 函数的这种用法来输出一些程序的分割信息，使得程序的输出内容更加适宜使用者阅读。

（程序清单 2.5_program_usage.c）

```
/*
2.5_program_usage.c:输出某个程序的使用帮助信息
*/
# include<stdio.h>
int main(void)
{
    printf("*****************************************\n");
    printf("*   This program take two numbers   * \n");
    printf("*   as input and add them together.   * \n");
    printf("*   Author:cp book                    * \n");
    printf("*   Date:  2018.9.20                   * \n");
    printf("*   Usage:  add number1 number2  * \n");
    printf("*****************************************\n");
    return 0;
}
```

在上面的几个例子中，展示了用 printf() 函数可以在屏幕上输出一句话、一段话、一个图形，甚至一个程序的使用方法。这些例子都只用到了 printf() 函数最基本的功能——打印输出字符串。事实上，printf() 函数设计的功能非常强大，除了打印输出固定的、预先设定的内容外，还可以用它来输出程序执行的结果。在前面圆面积的计算中，就使用 printf() 函数输出了计算得到的圆面积：

```
printf("area=%f",area);   //打印输出圆面积的计算结果
```

括号里面的内容是提供给 printf() 函数的参数，分为两个部分。第一部分是逗号前的内容"area=%f"，这部分由双引号包括起来，作用与之前的例子一样，这些双引号里面的内容是原封不动地输出的。唯一不同的地方是%f，它指出输出到此处时，需要输出一个浮点型（float）变量的值，而不要原样输出%f。而第二部分则是逗号后的内容 area，这是一个浮点型变量，用来保存计算得到的圆面积，恰好对应于前面的%f，因

此就会将 area 变量的值输出在 %f 的位置。

显示的结果如下所示：

```
area=4.521600
```

2.4　常量、变量和数据类型

在实际编程过程中，一般都要进行一些计算，并将得到计算的结果输出到屏幕上，例如，之前的圆面积计算程序。在计算过程中，把参与计算的量和计算的结果分别保存到各个变量中去，并用 printf() 函数输出变量的值。变量这个概念（以及与之相对应的数据类型）对于编程是一个非常重要的基本概念，程序中还有一些数据是直接给出的，例如，圆面积计算程序中的 3.14、1.2、0.0 这些数值，被称为常量。本节将通过一个计算利息的程序来进一步解释这些概念。

利息计算：假设某储户的中国银行账户里有 20000 元，中国银行 2018 年的活期年利率是 0.30%，求储户 2018 年 1 月和 2 月的利息所得。

分析：活期年利率是按天计算的，2018 年 1 月、2 月分别有 31 天和 28 天，而全年共有 365 天，因此利息计算公式为：利息＝金额×活期年利率×天数/365。

程序代码如下：

（程序清单 2.6_interest.c）

```
/*
2.6_interest.c:计算储户的利息所得
*/
# include<stdio.h>

int main(void)
{
    float interest=0.0;
    float rate=0.003;
    int dJan=31;
    int dFeb=28;
    int money=20000;
    interest=money * rate * dJan/365;
    printf("interest in January=%f\n",interest);
    interest=money * rate * dFeb/365;
    printf("interest in February=%f\n",interest);
    return 0;
}
```

2.4.1　常量

在程序清单 2.6_interest.c 中，出现了很多具体的数值，有整数 31、28、20000、

365，也有小数 0.0、0.003 等。这些数值与圆面积计算程序中的 3.14、1.2、0.0 一样，都是 C 语言程序中的常量。它们在程序的运行过程中并不会发生改变，每次程序运行时它们的值都是一样的。

常量往往也会参与计算，因此它们所属的数据类型对计算结果也有着非常重要的影响。因此，对这些常量的数据类型也需要加以区分。在程序清单 2.6_interest.c 中，常量31、28、20000、365 的数据类型是整型（int 型），用以表示这些数据都是整数。而常量0.0、0.003 的数据类型是双精度浮点型（double 型），用以表示这些数据都是小数。

除了数值常量外，还有字符串常量，它们由双引号包括，表示一串文本，并在程序的运行过程中不发生改变。例如，在"Hello World"程序中，双引号里面的"Hello World!\n"就是一个字符串常量。

2.4.2 变量定义与使用

在程序清单 2.6_interest.c 中定义了很多变量，它们的值可以在程序运行过程中发生改变。如 interest、rate、dJan、dFeb、money。这些变量用来保存各个计算步骤中参与计算的量或者是计算的结果等，并可以在程序运行过程中发生改变，如变量 interest。

若关注程序清单 2.6_interest.c，则可以发现所有的变量不仅给了名字，还在变量名的前面指定了该变量的数据类型。如 dJan、dFeb、money 是整型变量（int），用来保存整数数据；interest、rate 则是单精度浮点型（float 型）。

变量定义的一般格式为：数据类型　变量名列表；。

例如：

```
float interest;      //定义了浮点型变量 interest
float rate;          //定义了浮点型变量 rate
int dJan;            //定义了整型变量 dJan
int dFeb;            //定义了整型变量 dFeb
int money;           //定义了整型变量 money
```

变量名列表中可以列出多个变量，只要它们是同一种数据类型的变量即可，多个变量之间用逗号分隔开。例如：

```
float interest,rate;        //定义了 2 个浮点型变量 interest 和 rate
int dJan,dFeb,money;        //定义了 3 个整型变量 dJan、dFeb 和 money
```

一般认为前一种变量定义的写法是比较良好的代码风格，因为每一行代码只定义一个变量，这使得代码显得非常的清晰。但如果一组变量具有相同的数据类型，又有相关联的含义和相近的用途，则把它们定义在一起是比较妥当的。例如：

```
float length,width,height; //定义了 3 个浮点型变量,保存长方体的长、宽、高
```

变量必须先定义，后使用，如下的写法就是错误的：

```
radius=2.1;   //错误,变量 radius 尚未定义,就已经使用
float radius;
```

正确的写法应该是：

```
float radius;      //定义变量 radius
radius=2.1;        //给变量 radius 赋值为 2.1
```

推荐用户对所定义的变量进行初始化。所谓变量的初始化，是在定义变量时给变量一个初始值。使得在使用该变量时，该变量有一个合适的值，这对程序的正确运行是至关重要的。如上面例子中的变量 radius，可以对其初始化：

```
float radius=2.1;      //定义变量 radius 并初始化
```

在程序清单 2.6_interest.c 中，就对 interest 赋予初值 0.0，对 rate 赋予初值 0.003，对 dJan 和 dFeb 分别赋予初值 31 和 28，对 money 赋予初值 20000。

C 语言中使用 "=" 对变量进行赋值，例如：

```
radius=2.1;
radius2=radius * radius;
interest=money * rate * dJan/365;
```

在程序清单 2.6_interest.c 中，有 3 条语句对变量 interest 赋值，分别是：

```
float interest=0.0;
interest=money * rate * dJan/365;
interest=money * rate * dFeb/365;
```

可以看到变量 interest 的值在程序运行的过程中发生了 3 次改变：第一次是使变量 interest 的值为 0.0(这也是变量的初始化)；第二次是使变量 interest 的值为按公式计算出的储户 1 月的利息所得；第三次是使变量 interest 的值为按公式计算出的储户 2 月的利息所得。由此，读者可以得出结论：在程序中可以通过赋值运算符 "=" 来为变量赋值，以改变变量的值。在这里之所以强调 "=" 是赋值运算符，是希望初学编程的读者能够将其与数学公式中的等于号 "=" 区别开来。C 语言程序中的赋值运算符 "=" 是强调一个赋值动作的发生，用以设置变量保存指定的值，而数学中的等于号 "=" 则是强调相等的关系。这两者是非常容易被初学编程者搞混淆的。读者可以体会在 C 语言程序中的这个代码片段：

```
x=3;
x=x+1;
```

这段代码有两行，第一行是将变量 x 赋值为 3，而第二行代码则是将变量 x 的值赋值为当前变量 x 的值再加 1。因此第一行代码执行后，变量 x 的值为 3；而第二行代码执行后，变量 x 的值为 4。

2.5 算术运算和赋值

在程序清单 2.6_interest.c 中有一行代码用来计算储户 1 月的利息所得：

```
interest=money * rate * dJan/365;
```

在这行代码中，使用了乘法运算符"*"和除法运算符"/"。这两个运算符可以用来在 C 语言程序中表达乘法运算和除法运算，类似的还有加法运算符"+"和减法运算符"－"。这 4 个运算符再加上额外的求余数运算符"%"，都属于 C 语言的算术运算符。

算术表达式是指用算术运算符将运算对象连接起来的符合 C 语言语法规则的式子。例如，上面计算利息的代码中，右端的"money * rate * dJan/365"就是一个算术表达式。更多的例子包括：

```
a=b+c;
d=(a-c)/2;
total_2years=money * (1+rate) * (1+rate);
remainder=100%3;
```

上述第一个算术表达式"b+c"表达的是将变量 b 的值与变量 c 的值相加，相加后的值即为该表达式的值，这个求得表达式值的过程被称为**表达式的求值**。算术表达式"a+b"由算术运算符"+"连接变量 a 和变量 b 组成，因此在这个表达式中，把变量 a 和 b 称为算术运算符"+"的**操作数**（operand）。由于"+"组成的算术表达式需要两个操作数，所以把"+"称为**双目运算符或二元运算符**（binary operator）。其他的算术运算符"－、*、/、%"也都是双目运算符。双目运算符两侧可能是具体的变量，也可能是另一个表达式。例如，上面"d=(a-c)/2"中，除法运算符"/"的两个操作数分别是(a-c)和 2。

C 语言中的运算符大多数为双目运算符，少数为**单目运算符**（或一元运算符，unary operator），仅有一个**三目运算符**，由问号和冒号组成"?:"。单目运算符的例子是"－"，它既可以作为双目运算符表示减法运算；也可以作为单目运算符表示负号，用来表达某个变量值或数值常量的相反数，如－x、－3。

上述第 4 个表达式"100%3;"是由求余运算符"%"加上两个操作数组成的求余表达式。求余运算符"%"是用来求取第一个操作数除以第二个操作数所得的余数。因此"100%3"的值是 1。以下是更多的求余运算的例子：

```
0%3        (值为 0)
1%5        (值为 1)
0%3        (值为 0)
3%3        (值为 0)
19%4       (值为 3)
1003%11    (值为 0)
```

求余运算符%要求两个操作数均为整数类型，而且最好不要是负整数（否则计算结果可能因 C 语言处理工具而异，因此不能保证使用负整数作为操作数的求余运算在所有的机器上以相同的方式运行）。

除法运算符/在两个操作数为整数类型时，所组成的表达式求值结果也是整数，这与平时的数学经验是有所差别的，例如下面的表达式：

```
9/3        (值为 3)
9/4        (值为 2)
1/2        (值为 0)
3/4        (值为 0)
```

上述表达式只有第 1 个表达式的求值结果与平常的数学计算一致，其原因是 9 恰好被 3 整除，因此表达式求值为 3。而第 2 个表达式中 9 除以 4 的结果应该是 2.25，而由于 C 语言的除法表达式求值的特点，决定舍弃小数部分而只保留整数部分，所以其求值结果是 2。第 3 个和第 4 个表达式的数学计算结果应该分别是 0.5 和 0.75，根据 C 语言除法表达式的求值特点，这两个表达式的值均为 0。

那么，要如何得到希望中的保留计算后小数部分的结果呢？答案是避免除法运算符的两个操作数均为整数类型，至少要把其中一个操作数写成小数形式。例如下面的表达式：

```
9/3.0      (值为 3.0)
9.0/4      (值为 2.25)
1/2.0      (值为 0.5)
3.0/4.0    (值为 0.75)
```

上述写法破坏了 / 两边都是整型数据的条件，即至少一个操作数为浮点类型，因此计算结果不必舍弃小数部分而只保留整数部分。

2.6　格式化输出函数 printf()

在 2.1 节中已经介绍了 printf() 函数的基本使用方法，这里将对其做进一步的说明。首先，要使用 printf() 函数，必须要包含头文件 <stdio.h>。printf() 函数的调用方式如下：

```
printf(格式控制字符串,输出参数 1,…,输出参数 n);
```

其中，格式控制字符串是由双引号包含的一段文字信息。例如，代码 printf("Hello World!\n") 中，"Hello World!\n" 就是格式控制字符串，作用是在屏幕上显示 Hello World! 这句话。但为什么称之为格式控制字符串呢？原因在于双引号之间的文本包含 3 种对象。其一是字符串常量，如上面的 Hello World!，这些字符串常量将会被原样输出。其二是转义字符，例如，上面的例子中最后的 \n，以反斜杠 \ 开始，其实是一种用来控制输出格式的符号，表示输出内容换到下一行开始。C 语言中 \n 被称为转义字符，常用的各种转义字符如表 2-1 所示。

表 2-1　C 语言使用的转义字符

转义字符	具体意义
\a	警报（响铃）符
\b	回退符

续表

转义字符	具体意义
\ f	换页符
\ n	换行符
\ r	回车符
\ t	横向制表符
\ v	纵向制表符
\ \	反斜杠
\ "	双引号

其三是格式控制符以％开头，后面跟有各种格式控制符，以说明输出数据的类型、宽度、精度等。例如，printf("％d"，123)表示希望输出整数123。而 printf("％d,％d,％d"，123，234，116)则表示连续输出 123、234、116。当然，也可以用 printf()函数输出变量的值。

（程序清单 2.7_print_var1.c）

```
/*
2.7_print_var1.c:打印变量的值
*/
# include<stdio.h>

int main(void)
{
    int a=10;
    int b=20;
    int c=30;
    printf("a=%d,b=%d,c=%d\n",a,b,c);
    return 0;
}
```

程序清单 2.7_print_var1.c 中，定义了 3 个整型变量 a，b，c，并使用 printf()函数将其打印出来，格式控制字符串"a=％d,b=％d,c=％d\n"中，有 3 个％d，表示输出 3 个整型值，其对应的整型数据由格式控制字符串后面的 a，b，c 给出。程序清单2.7_print_var1.c 的运行结果是 10，20，30（换行）。

可以看出，printf()函数要求格式控制字符串中的格式控制符的个数和顺序应该和后面的变量数量和类型一致。C 语言中常用的格式控制符如表 2-2 所示。

表 2-2　C 语言常用的格式控制符

格式控制符	具体意义
％c	输出一个单一的字符

格式控制符	具体意义
%hd、%d、%ld	以十进制、有符号的形式输出 short、int、long 类型的整数
%hu、%u、%lu	以十进制、无符号的形式输出 short、int、long 类型的整数
%f、%lf	以十进制的形式输出 float、double 类型的小数
%s	输出一个字符串

（程序清单 2.8_print_var2.c）

```
/*
2.8_print_var2.c:打印变量的值
*/
# include<stdio.h>

int main(void)
{
    char ch='A';
    float f=3.1;
    printf("ch=%c\n",ch);
    printf("f=%f\n,f);
    printf("%s\n","Hello World!");
    return 0;
}
```

上面的例子中分别打印字符变量 ch，单精度浮点变量 f，字符串"Hello World!"的值或内容。

2.7 关系运算和选择执行

在 C 语言程序中，往往需要根据一个判断的结果来执行不同的动作，这就需要用到关系运算。例如，判断变量 x 的值是否小于 15，只需要使用关系表达式 $x < 15$ 即可。如果要判断变量 x 的值是否小于等于 15，则可用关系表达式 $x <= 15$。

注意： 在 C 语言中，小于等于符号"<="和数学式子里面的小于等于符号"≤"在表达形式上的区别。关系运算的结果有两种：真或假。在上面的例子中，如果事先给变量 x 赋值为 3，那么关系运算 $x < 15$ 的结果为真；如果给变量 x 赋值为 16，那么关系运算 $x < 15$ 的结果为假。根据判断结果的真假，可以选择不同的语句来执行。

代码片段 1：

```
if(x<15)
    y=x+2;
else
    y=10-x;
```

代码片段 1 的含义是：如果变量 x 小于 15，那么变量 y 赋值为 $x+2$；否则，变量 y 赋值为 $10-x$。C 语言中的 6 种关系运算符如表 2-3 所示。

表 2-3　C 语言的关系运算符

关系运算符	含　义	数学中的表示
<	小于	<
<=	小于或等于	≤
>	大于	>
>=	大于或等于	≥
==	等于	=
!=	不等于	≠

如果要判断整型变量 x 的值是否不等于 0，则可以用关系表达式 x!＝0 来表示，而如果要判断整型变量 x 的值是否等于 10，则可以用关系表达式 x＝＝10 来表示。

2.8　格式化输入函数 scanf( )

在 C 语言中，程序可以通过调用 printf( )函数来输出变量的值。而如果希望通过键盘输入变量的值，则需要调用 scanf( )函数。scanf( )函数的格式如下：

```
scanf(格式控制字符串,输入参数 1,…,输入参数 n);
```

scanf( )函数的参数和 printf( )函数的参数类似，其格式控制字符串也是用双引号包括的一个字符串，其中也包括 3 种对象。第一种对象是字符串常量，在 printf( )函数中的字符串常量是原样输出的，而在 scanf( )函数中的字符串常量则需要用户从键盘原样输入，这可能会给用户带来不必要的麻烦，因此在 scanf( )函数的调用中，很少会使用字符串常量。第二种对象是转义字符，基于同样的原因，转义字符也很少出现在格式控制字符串中。第三种对象是格式控制符，表示需要输入数据的类型。而输入参数则是需要接收输入的变量，此处需要给出变量的内存地址(以取地址符或指针变量的形式)。例如：

```
int x;
scanf("%d",&x);
```

上述代码片段中，定义了整型变量 x，然后调用 scanf( )函数，从键盘接收用户输入的整型值并保存到变量 x 中。这里采用的取地址符“&”的方式提取变量 x 的内存地址。

scanf( )函数中常见的几种格式控制符有：%d，用于输入整型(int)数据；%f，用于输入单精度浮点型(float)数据；%lf，用于输入双精度浮点型(double)数据；%c，用于输入字符型(char)数据；%s，用于输入字符串型数据。

程序清单 2.9_scanf_var.c 根据用户输入的变量值来计算平方值。

（程序清单 2.9_scanf_var.c）

```
/*
2.9_scanf_var.c:输入变量的值
*/
# include<stdio.h>

int main(void)
{
    int x;

    printf("Enter x:\n");
    scanf("%d",&x);
    printf("square of x is %d\n",x*x);
    return 0;
}
```

2.9　数学库函数

C 语言的编译器会提供事先编好的一些常用函数供用户在编程时调用，这些函数被称为库函数。本章所提到的 printf() 函数和 scanf() 函数都是标准输出/输入库函数，使用它们前需要包含标准输出/输入库的头文件 stdio.h。

在编写 C 语言程序时，往往需要进行一些数学计算。C 语言中提供了一个数学库，里面包含了大量常用的数学计算程序供用户调用。例如，计算余弦值的 cos(double x) 函数、计算指数的 exp(double x) 函数、计算平方根的 sqrt(double x) 函数以及计算 x 的 y 次幂的 pow(double x，double y) 函数等。要使用数学库中的函数，用户需要包含数学头文件 math.h。

下面的例子是利用用户输入的存款金额 money、存期年限 year 和年利率 rate，根据公式计算存款到期时的本息合计 sum，输出时保留两位小数。计算公示为 $sum = money(1+rate)^{year}$。

（程序清单 2.10_math.c）

```
/*
2.10_math.c:使用数学函数计算利息
*/
# include<stdio.h>
# include<math.h>
int main(void)
{
int money,year;
    double rate,sum;
```

```
printf("Enter money:");
scanf("%d",&money);
printf("Enter year:");
scanf("%d",&year);
printf("Enter rate:");
scanf("%lf",&rate);
sum=money * pow((1+rate),year);
printf("sum=%.2f",sum);
return 0;
}
```

此处多次调用了 scanf() 函数来接收用户的输入，一次接收一个变量的值。事实上，scanf() 函数还可以支持一次输入多个变量的值。因此，可以将上述程序中的 3 次 scanf() 函数调用合并为 1 个：

```
scanf("%d%d%lf",&money,&year,&rate);
```

2.10　for 循环结构

在编写程序时，可能需要重复执行某些相同的工作或计算，例如，计算从 1 加到 100 的和。这种重复执行的操作在 C 语言中可以用循环来表示。for 循环就是 C 语言用来表达循环的一种形式。其具体语法形式如下：

```
for(表达式 1;表达式 2;表达式 3)
    循环体语句
```

上面的表达式 1 指出了循环的初始条件或循环变量的初始值。表达式 2 给出了循环继续执行的条件，一般是一个关系表达式，当表达式的值为真时，循环继续执行，为假时循环终止。表达式 3 是每次循环执行前对循环变量的值进行改变。而循环体语句则是具体需要重复执行的代码。

下面使用一个具体实例来解释 for 循环的使用方法。在这个例子中，需要计算 1+2+3+…+100 的值。

（程序清单 2.11_for_loop1.c）

```
/*
2.11_for_loop1.c:for 循环
*/
# include<stdio.h>
int main(void)
{
    int i,sum;
```

```
    sum=0;                          /* 置累加和 sum 的初值为 0 */
    for (i=1;i<=100;i++)            /* 循环重复 100 次 */
        sum=sum+i;                  /* 反复累加 */
    printf("sum=%d\n",sum);         /* 输出累加和 */
    return 0;
}
```

在程序清单 2.11_for_loop.c 中，语句 for (i=1；i<=100；i++)给出了 for 循环的几个表达式。其中表达式 1 是 i=1，表示在循环开始的时候将整型变量 i 的值设为 1。表达式 2 是 i<=100，表示当整型变量 i 的值小于等于 100 时，循环将继续执行。表达式 3 是 i++，表示当循环体执行完一次后将整型变量的值增加 1。注意 3 个表达式之间用分号隔开。这个例子里的循环体只有一条语句：sum=sum+i;，就是每次循环 sum 的值会增加 i，这样当 i 从 1 增加到 100 时，sum 的值也从 1 累加到 100。注意在循环之前需要将整型变量 sum 的值设为 0，以保证是从 0 开始计算累加和的。

有时候 for 循环的次数可能并不是确定的，如下面这个例子需要计算 $1+1/3+1/5+\cdots$ 的前 n 项和。

（程序清单 2.12_for_loop2.c）

```
/*
2.12_for_loop2.c:for 循环
*/
#include<stdio.h>
int main(void)
{
    int   i,n;
    double item,sum;
    printf("Enter n:");
    scanf ("%d",&n);
    sum=0;
    for(i=1;i<=n;i++){
        item=1.0/(2 * i-1);         /* 计算第 i 项的值 */
        sum=sum+item;               /* 累加第 i 项的值 */
    }
    printf ("sum=%f\n",sum);
    return 0;
}
```

程序清单 2.12_for_loop2.c 中，使用 scanf()函数接收用户指定的变量 n 的值，来确定 for 循环的循环次数，并计算前 n 项的倒数和。与程序清单 2.11_for_loop1.c 不一样，这里的循环体中有两条语句，首先计算第 i 项的值并保存在变量 item 中，然后再累加到 sum 中。因为循环体中不止一条语句，因此需要用一对花括号将循环体括起来，保证这两句语句作为一个整体的循环体来重复执行。

习　题

一、选择题

1. printf()函数是C语言中与输出相关的函数，若需要在程序中对其进行调用需先引入头文件（　　）。

A. string. h　　　　　B. stdlib. h　　　　　C. stdio. h　　　　　D. math. h

2. C语言程序中必须包含的函数为（　　）。

A. print　　　　　B. scanf　　　　　C. main　　　　　D. return

3. 以下不属于保留字的是（　　）。

A. char　　　　　B. for　　　　　C. print　　　　　D. return

4. 以下不属于常量的是（　　）。

A. 3. 14　　　　　B. 32　　　　　C. abs　　　　　D. "abs"

5. 下列变量定义中不合法的是（　　）。

A. int a＝b＝1;

B. int a＝5.8;

C. double x＝5;

D. char c＝100;

6. 以下程序的输出结果是（　　）。

```
int a=3,b=2,c;
c=(a-b)/2;
printf("c=%d",c);
```

A. $c=0$　　　　　B. $c=0.5$　　　　　C. 0　　　　　D. 0. 5

7. 下列不正确的转义字符是（　　）。

A. \ \　　　　　B. \'　　　　　C. 053　　　　　D. \ 0

8. 以下程序的输出结果是（　　）。

```
int x=10,y=0;
if(x==15)
    x=x+2;
else
y=10-x;
printf("x=%d,y=%d",x,y);
```

A. $x=10$，$y=10$　　B. $x=12$，$y=0$　　C. $x=12$，$y=10$　　D. $x=10$，$y=0$

9. 以下程序（变量已定义）的输出结果是（　　）。

```
for(i=0;i<3;i++)
printf("*");
for(j=0;j<2;j++);
printf("*");
```

A. *　　　　　B. ****　　　　　C. ******　　　　　D. *********

二、填空题

1. 设有定义：int a；float b；执行 scanf("%4d%f"，&a，&b)；语句时，若从键盘输入 3619.57＜CR＞，a 和 b 的值分别是＿＿＿＿＿和＿＿＿＿＿。

2. 请写出 $sum=\sqrt{a+ab^2}$ 的数学库函数表达式＿＿＿＿＿。

三、程序设计题

1. 设计程序，计算 $2+4+6+\cdots+198+200$ 的和。

2. 设计程序，输入一个 $0\sim180$ 的角度(单位为度数)，调用数学函数 $\cos(\text{double } x)$，计算该角度的余弦值(提示：需要将度数转换到弧度，π 取 3.1415)。

第3章 选择结构

在实际应用中，经常会碰到需要进行判断和选择的情况。例如，判断输入的一个整数是否是偶数；输入两个不同的整数，按照从小到大的顺序将他们输出；输入一名学生某门课的成绩，判断成绩是否是"优秀"等，这时就需要用到选择结构来进行分支判断。

选择结构的特点是：在程序算法的一次执行过程中，根据不同的可能情况，只有一条满足条件的分支语句被执行，其他的(零条、一条、多条)分支语句则被跳过。选择结构程序设计符合结构化程序设计的单入口/单出口的原则。

本章主要讲解 C 语言中的选择结构程序设计。C 语言中提供了 if 语句及相关语句、switch 语句及相关语句来实现选择结构程序设计。通过案例的讲解，希望读者可以熟练掌握和应用选择结构的设计。

3.1 if 语句

if 语句是一种非常重要的程序流程控制语句，用于判断分支结构。

3.1.1 if 语句的一般形式

if 语句的一般形式如下：

```
if (表达式)语句 1
[else 语句 2]
```

其含义是如果"表达式"的值为真，那么执行"语句 1"；否则，执行 else 后面的"语句 2"。

其中，if 是系统关键字(大小写敏感)，用来实现分支结构；"表达式"外的小括号必不可省；"表达式"可以是关系表达式、逻辑表达式、数值表达式等结果为数值型的表达式；这里的"语句"可以是简单语句，也可以是复合语句。如果是复合语句，则需要用大括号将所有语句包括在一起；中括号中的部分可以省略。如果省略，则实现单分支结构，如果不省略，可以实现双分支结构；if 语句可以嵌套使用，以实现更复杂的选择结构。

3.1.2 if 语句的应用举例

if 语句的应用比较灵活，其一般形式可以有各种不同的变体。下面就通过具体的案例来讲解 if 语句在分支结构中的应用。

例题 3-1 判断输入的一个整数是否是偶数。如果是偶数，则输出该整数是偶数。

这是一个典型的单分支结构。要求输入一个整数，如果输入的整数%2的结果为 0（即整数能够被 2 整除），则输出该整数为偶数，否则不输出任何信息。可以用 if 语句来实现。

程序代码如下：

```
# include<stdio. h>
int main()
{
    int x;
    printf("Please input an integer:\n");
    scanf("%d",&x);
    if (x%2==0)
        printf("%d is an even number.\n",x);
    return 0;
}
```

程序的运行结果 1：

```
Please input an integer:
7
```

程序的运行结果 2：

```
Please input an integer:
6
6 is an even number.
```

说明：

①程序通过 if 语句实现了单分支的情况（只出现了 if 部分，没有 else 部分）。②程序中调用了系统库函数 printf()，实现了输出的功能；系统库函数 scanf() 的调用，实现了从键盘中输入数据的功能；为了正常调用系统库函数 printf()、scanf() 等，需要在调用前包含 stdio. h 头文件（这里在 main() 函数之前进行包含）。③系统库函数 scanf() 和 printf() 中双引号里面出现的 %d 是格式控制符，分别表示输入数据的类型和输出变量的类型为整型。其中，scanf() 函数要求将键盘输入的指定类型（这里是整型）的数据，根据变量的地址存放到相应的变量中。这里，运算符 & 实现了获取变量 x 地址的功能。④x%2==0 是一个关系表达式，"=="表示等于关系的判断。⑤% 是取余运算符，在默认输入的数据是整数的前提下，输入的整数 %2 的结果为 0，则表示整数能够被 2 整除，即输入的整数是偶数。⑥% 运算的优先级高于 == 关系运算。

例题 3-2 判断输入的一个整数是否是偶数。如果是偶数，则输出该整数是偶数；否则，输出该整数不是偶数。

这是一个典型的双分支结构。输入的整数，如果能够被 2 整除，则执行一种分支情况；否则，执行另一种分支情况。先考虑第一种算法。

程序算法 1 代码：

```
# include<stdio. h>
int main()
{
    int x;
```

```
        printf("Please input an integer:\n");
        scanf("%d",&x);
        if (x%2==0)
            printf("%d is an even number.\n",x);
        if (x%2!=0)
            printf("%d is NOT an even number.\n",x);
        return 0;
}
```

程序的运行结果 1：

```
Please input an integer:
6
6 is an even number.
```

程序的运行结果 2：

```
Please input an integer:
7
7 is NOT an even number.
```

说明：

①该算法是有效的。通过两个 if 语句，把两种可能的情况(输入的整数是偶数或者不是偶数)进行了分别处理。两条 if 语句中的条件表达式刚好是相反的，确保只有一条 if 语句可以被执行。由两条 if 语句实现了单入口/单出口的双分支结构。②"!="是不等于的关系运算符，判断左右两侧的表达式是否不相等。

除了应用两条 if 语句来解决问题，是否可以采用其他的方法？答案是肯定的。

程序算法 2 代码：

```
# include<stdio.h>
int main()
{
    int x;
    printf("Please input an integer:\n");
    scanf("%d",&x);
    if (x%2==0)
        printf("%d is an even number.\n",x);
    else
        printf("%d is NOT an even number.\n",x);
    return 0;
}
```

说明： 该算法也是有效的。可以通过一条 if-else 语句来实现单入口/单出口的双分支结构。其中，else 分支隐含的条件是 x%2!=0。

例题 3-3 输入两个实数，按照由小到大的顺序输出这两个数。

这是典型的排序算法，要求对输入的两个实数型数据进行排序后输出。

程序算法 1 代码：

```
# include<stdio.h>
int main()
{
    float x,y;
    printf("Please input two real numbers:\n");
    scanf("%f,%f",&x,&y);
    if (x<=y)
        printf("The sorted numbers are %f and %f.\n",x,y);
    if (x>y)
        printf("The sorted numbers are %f and %f.\n",y,x);
    return 0;
}
```

程序的运行结果 1：

```
Please input two real numbers:
3.6,6.9
The sorted numbers are 3.600000 and 6.900000.
```

程序的运行结果 2：

```
Please input two real numbers:
9.1,1.9
The sorted numbers are 1.900000 and 9.100000.
```

说明：

①两条 if 语句覆盖了输入的两个实数的两种可能排序情况。②float 类型表示单精度浮点类型。③系统输入函数 scanf() 中，双引号里面出现的 %f 格式控制符，表示允许输入的数据类型是单精度浮点类型；格式控制符之外的普通字符，要求在输入时原样输入，所以这里双引号中的（英文半角格式）逗号需要原样输入。

对两个数的排序问题，有没有其他的算法？

程序算法 2 代码：

```
# include<stdio.h>
int main()
{
    float x,y;
    printf("Please input two real numbers:\n");
    scanf("%f,%f",&x,&y);
    if (x<=y)
        printf("The sorted numbers are %f and %f.\n",x,y);
    else
        printf("The sorted numbers are %f and %f.\n",y,x);
    return 0;
}
```

说明：一条 if-else 语句也可以实现两个数的排序算法。

除了上面的两种有效算法，是否还有可行的新方案？

程序算法 3 代码：

```c
# include<stdio.h>
int main()
{
    float x,y,t;
    printf("Please input two real numbers:\n");
    scanf("%f,%f",&x,&y);
    if (x>y)
    {
        t=x;
        x=y;
        y=t;
    }
    printf("The sorted numbers are %f and %f.\n",x,y);
    return 0;
}
```

说明：

①上面的算法通过一条 if 语句，实现了满足条件的两个变量的值的交换。这样，确保按照 x, y 顺序输出的内容一定是排好顺序的。②交换两个同数据类型的变量的值，可以通过引入第三个同类型的中间变量来实现。③对于同一个问题，可以采用不同的算法进行求解。确保算法是有效的、确定的、可行的，有零个或者多个输入，有一个或者多个输出。在算法正确的前提下，主要是通过时间复杂度和空间复杂度来评价可行算法的优劣与否。④怎么实现对 3 个实数的排序呢？在 3.1.3 节中，我们将学习用分支语句的嵌套实现更复杂的程序算法。

3.1.3　if 语句嵌套及应用举例

通过 if 语句的嵌套，可以实现更复杂的分支结构程序设计。其中，if-else 语句嵌套的一般形式为：

```
if (表达式 1)
    if(表达式 2)语句 1
    else 语句 2
else
    if(表达式 3)语句 3
    else 语句 4
```

其含义是：如果表达式 1 的值为真，那么继续判断表达式 2 的值。如果表达式 2 的值也为真，即表达式 1 和表达式 2 为真同时成立，那么执行后面的语句 1；否则（表达式 1 为真，并且表达式 2 为假）执行语句 2。如果表达式 1 的值为假，那么继续判断表达式 3 的值。如果表达式 3 的值为真，即表达式 1 为假和表达式 3 为真同时成立，那么执行语句 3；否则（表达式 1 为假，并且表达式 3 为假）执行语句 4。

其中，①if-else 语句的嵌套可以是多层的，每一层都要求符合 if-else 语句的语法规范。②在 if-else 语句的嵌套中，多个 if 与 else 的配对原则是，else 总与其上最近的尚未配对的 if 配对。为了程序更加易读，可以加大括号或者缩进格式书写代码确定 if-else 配对关系。③if-else 语句的嵌套可以实现多分支等复杂选择结构。

下面通过例题来讲解 if 语句的嵌套结构。

例题 3-4　输入 3 个实数，按照由小到大的顺序输出这 3 个数。

题目要求对 3 个实数进行排序。一种算法思想是：将输入的 3 个各不相等的实数可能的排序情况都排列组合出来，于是构成了 6 分支结构。可以考虑使用程序算法 1 来实现，即用 6 条 if 语句覆盖所有 6 种可能。

程序算法 1 代码：

```
# include<stdio.h>
int main()
{
    float x,y,z;
    printf("Please input three real numbers:\n");
    scanf("%f,%f,%f",&x,&y,&z);
    if (x<=y&&x<=z&&y<=z)
        printf("The sorted numbers are %f,%f and %f.\n",x,y,z);
    if (x<=y&&x<=z&&z<=y)
        printf("The sorted numbers are %f,%f and %f.\n",x,z,y);
    if (y<=x&&y<=z&&x<=z)
        printf("The sorted numbers are %f,%f and %f.\n",y,x,z);
    if (y<=x&&y<=z&&z<=x)
        printf("The sorted numbers are %f,%f and %f.\n",y,z,x);
    if (z<=x&&z<=y&&x<=y)
        printf("The sorted numbers are %f,%f and %f.\n",z,x,y);
    if (z<=x&&z<=y&&y<=x)
        printf("The sorted numbers are %f,%f and %f.\n",z,y,x);
    return 0;
}
```

程序的运行结果 1：

```
Please input three real numbers:
3.3,2.2,1.1
The sorted numbers are 1.100000,2.200000 and 3.300000.
```

程序的运行结果 2：

```
Please input three real numbers:
6,6,6
The sorted numbers are 6.000000,6.000000 and 6.000000.
```

```
The sorted numbers are 6.000000, 6.000000 and 6.000000.
The sorted numbers are 6.000000, 6.000000 and 6.000000.
The sorted numbers are 6.000000, 6.000000 and 6.000000.
The sorted numbers are 6.000000, 6.000000 and 6.000000.
The sorted numbers are 6.000000, 6.000000 and 6.000000.
```

程序的运行结果3：

```
Please input three real numbers:
3,6,6
The sorted numbers are 3.000000, 6.000000 and 6.000000.
The sorted numbers are 3.000000, 6.000000 and 6.000000.
```

说明： 代码中需要表达连续的关系时，不能仿照数学公式的方式连续使用。如 $0<x<2$ 在数学中表示变量 x 的值在 0 和 2 之间。而在 C 语言中，表达式中连续两个 $<$ 的使用，会被依次计算。也就是先计算 $0<x$，结果如果为真表达式取值为 1，否则取值为假。而不管 $0<x$ 的结果为真还是假，这个表达式的值都肯定是 <2 的，也就是说执行第二个 $<$ 时，表达式是恒成立的。这就意味着不管 x 取值如何，这个 $0<x<2$ 表达式的结果都是真，取值为 1，不能满足 x 的值在 0 和 2 之间才取值为 1。那么如何表达 x 的值在 0 和 2 之间才取值为 1 的表达式呢？就需要分开表示两个关系 $0<x$ 和 $x<2$，然后再用逻辑运算符号 && 进行连接，表示两个关系式要同时成立。也就是需要表达为：$0<x\&\&x<2$。

当输入的 3 个实数各不相等时，程序的结果是正确的。但是，当输入的 3 个实数完全相等或者部分相等时，则算法的运行结果出现冗余输出（如上的运行结果 2 和运行结果 3）的情况。所以需要再完善一下程序算法 1。为了得到更规范的算法和运行结果，在程序算法 1 中，6 条 if 语句不足以覆盖对输入的 3 个任意实数排序的所有可能情况的输出，所以就需要补足新的分支。

程序算法 2 代码：

```
# include<stdio. h>
int main()
{
    float x,y,z;
    printf("Please input three real numbers:\n");
    scanf("%f,%f,%f",&x, &y, &z);
    if (x<y&&x<z&&y<z)
        printf("The sorted numbers are %f,%f and %f.\n",x,y,z);
    if (x<y&&x<z&&z<y)
        printf("The sorted numbers are %f,%f and %f.\n",x,z,y);
    if (y<x&&y<z&&x<z)
        printf("The sorted numbers are %f,%f and %f.\n",y,x,z);
```

```
      if (y<x&&y<z&&z<x)
          printf("The sorted numbers are %f,%f and %f.\n",y,z,x);
      if (z<x&&z<y&&x<y)
          printf("The sorted numbers are %f,%f and %f.\n",z,x,y);
      if (z<x&&z<y&&y<x)
          printf("The sorted numbers are %f,%f and %f.\n",z,y,x);
      if (x==y&&y==z)
          printf("The sorted numbers are %f,%f and %f.\n",x,y,z);
      if (x==y&&x>z)
          printf("The sorted numbers are %f,%f and %f.\n",z,x,y);
      if (x==y&&x<z)
          printf("The sorted numbers are %f,%f and %f.\n",y,x,z);
      if (x==z&&x<y)
          printf("The sorted numbers are %f,%f and %f.\n",z,x,y);
      if (x==z&&x>y)
          printf("The sorted numbers are %f,%f and %f.\n",y,x,z);
      if (y==z&&y>x)
          printf("The sorted numbers are %f,%f and %f.\n",x,z,y);
      if (y==z&&y<x)
          printf("The sorted numbers are %f,%f and %f.\n",z,y,x);
      return 0;
  }
```

说明：经过对程序算法 1 的改进，通过程序算法 2 的 13 条 if 语句，有效实现了对输入的 3 个有效实数出现完全相等或者部分相等的情况也能正确输出的处理。除了改进的程序算法 2 之外，有没有其他的可行算法？可以考虑借鉴对两个实数进行排序的算法，通过引入中间变量交换两个变量的值，完成对 3 个实数的排序。具体看一下程序算法 3 的解决方案。

程序算法 3 代码：

```
# include<stdio.h>
int main()
{
    float x,y,z,t;
    printf("Please input three real numbers:\n");
    scanf("%f,%f,%f",&x,&y,&z);
    if (x>y)
        {
            t=x;
            x=y;
            y=t;
        }
```

```
        if (x>z)
            {
                t=z;
                z=x;
                x=t;
            }
        if (y>z)
            {
                t=y;
                y=z;
                z=t;
            }
        printf("The sorted numbers are %f,%f and %f.\n",x,y,z);
        return 0;
}
```

说明： 相对而言，程序算法 3 更简洁有效。

例题 3-5 有一个分段函数 $y=\begin{cases}x+5(x\leqslant1),\\2x+1(1<x\leqslant10),\\3x-6(x>10),\end{cases}$ 编写一个程序，根据该分段函

数输入整数 x 的值，输出整数 y 相应的值。

题目是典型的三分段函数。当 x 在不同的区间时，对应 y 的取值也会发生变化。考虑用 if 语句的嵌套来实现多分支结构。

程序算法代码：

```
# include<stdio.h>
int main()
{
    int x,y;
    printf("Please input an integer:\n");
    scanf("%d",&x);
    if (x>10)
    {
        y=3*x-6;
        printf("y=3*%d-6 is %d.\n",x,y);
    }
    else
    {
        if(x>1)
        {
            y=2*x+1;
            printf("y=2*%d+1 is %d.\n",x,y);
        }
```

```
        else
        {
            y=x+5;
            printf("y=%d+5 is %d.\n",x,y);
        }
    }
    return 0;
}
```

程序的运行结果：

```
Please input an integer:
10
y=2*10+1 is 21.

Please input an integer:
1
y=1+5 is 6.

Please input an integer:
11
y=3*11-6 is 27.
```

说明：

①可以通过代码的缩进格式体现 if-else 的配对关系。②C 语言的表达式和数学的表达式是有差异的。如在 C 语言中，$3*x$ 表示 3 与 x 的乘积；而在数学表达式中直接写成 $3x$ 即可。特别注意正确规范地书写 C 语言的各种表达式。

例题 3-6　输入一个整型的百分制成绩[0，100]，输出成绩的等级"A" "B" "C" "D" "E"。90 分及以上为"A"，[80，90)分为"B"，[70，80)分为"C"，[60，70)分为"D"，60 分以下为"E"。

题目要求将一个整数类型的百分制成绩转换为等级成绩，并且给出了转换的规则和标准。因为有 5 种等级，所以可以考虑用 if 语句的嵌套来实现多分支的情况。为确保程序算法的有效性，要特别注意精准地确定区间边界。

程序算法代码：

```
# include<stdio.h>
int main()
{
    int score;
    char grade;
    printf("Please input the score:\n");
    scanf("%d",&score);
    if(score<=100&&score>=0)
```

```
    {
        if (score>=90)
            grade='A';
        else
            if(score>=80)
                grade='B';
            else
                if(score>=70)
                    grade='C';
                else
                    if(score>=60)
                        grade='D';
                    else
                        grade='E';
        printf("The grade of score:%d is %c.\n",score,grade);
    }
    return 0;
}
```

程序的运行结果：

```
Please input the score:
101

Please input the score:
59
The grade of score:59 is E.

Please input the score:
60
The grade of score:60 is D.

Please input the score:
90
The grade of score:90 is A.
```

说明：

①最外层的 if 语句确保了输入的成绩是有效的，即成绩在[0，100]的双闭区间，否则不做任何操作。这条 if 语句后面的小括号中有一个逻辑表达式。&& 是逻辑与运算符，表示只有当 && 运算符左右两侧的运算数同时为真时，逻辑表达式才成立。②各种关系运算符的优先级均高于逻辑与运算符 &&。③字符型常量要用英文半角格式下的单引号括起来。

当用 if 语句的嵌套来解决多分支问题时，可能会因为嵌套的层数过多而降低程序的可读性。因此，C语言还提供了层次结构更加清晰的 switch 语句来处理特定的多分支结构。

3.2　switch 语句

3.2.1　switch 语句的一般形式

```
switch (表达式)
{
case 常量 1:语句 1
case 常量 2:语句 2
……
case 常量 n:语句 n
default:语句 n+1
}
```

其含义是：根据 switch 语句括号中表达式的值，使程序跳转到不同的分支语句进行处理。

其中，switch 和 case、default 是系统关键字(大小写敏感)；switch 后面的小括号不可省略；switch 后面的表达式应为整型(包括字符型、枚举型)；switch 下面的大括号内是一个复合语句，是 switch 语句的语句体，语句体中包含多个以 case 开头的语句行和最多一个以 default 开头的语句行(可以没有 default 部分)；case 后面跟一个常量或者常量表达式，相当于一个语句标号，用来标志一个位置。这里的常量或者常量表达式的类型要与 switch 后面表达式的类型一致；每一个 case 后面的常量必须不同；各个 case 标号和最多一个 default 标号出现的次序，不影响程序运行的结果。各个 case 标号和最多一个 default 标号冒号后面可以为空；执行 switch 语句时，先计算 switch 后面表达式的值，然后将此值与各个 case 后面的常量的值依次进行比较。如果与某一个 case 标号中的常量相同，程序就转到此 case 标号后面的语句开始执行。直到遇到 break 语句，或者是完成 switch 的剩余语句体；如果没有与 switch 表达式相匹配的 case 常量，并且有一条 default 语句，那么流程转去执行 default 标号后面的语句，直到遇到 break 语句或者完成 switch 的剩余语句体；在 switch 语句的语句体中执行到 break 语句时，可以使流程跳出 switch 语句，转去执行 switch 的后续语句。

接下来，具体看 switch 语句的应用案例。

3.2.2　switch 语句应用案例

例 3-7　输入一个整型的百分制成绩([0，100])，输出成绩的等级"A""B""C""D""E"。90 分及以上为"A"，[80，90)分为"B"，[70，80)分为"C"，[60，70)分为"D"，60 分以下为"E"。

前面已经用 if 语句的嵌套实现了该问题的求解，这里考虑用 switch 语句来解决多分支的问题。

程序算法 1 代码:

```
# include<stdio. h>
int main()
{
    int score,t;
    char grade;
    printf("Please input the score:\n");
    scanf("%d",&score);
    if(score<=100&&score>=0)
    {
        t=score/10;
        switch(t)
        {
            case 10:
            case 9:grade='A';
            case 8:grade='B';
            case 7:grade='C';
            case 6:grade='D';
            default:grade='E';
        }
        printf("The grade of score:%d is %c.\n",score,grade);
    }
    return 0;
}
```

程序的运行结果 1:

```
Please input the score:
100
The grade of score:100 is E.
```

程序的运行结果 2:

```
Please input the score:
90
The grade of score:90 is E.
```

说明:这个程序算法是有问题的。当输入 100 作为 score 变量的值时,t 变量的值是 10,则从标号 case 10 开始执行。case 10 后面为空,继续执行标号 case 9 后面的语句,实现 grade 变量被赋值字符常量"A"。然后继续执行标号 case 8 后面的语句,grade 变量得到新的赋值。这样继续下去,一直执行到 default 标号后面的语句,使得变量 grade 的值更新为"E"。然后,执行 switch 语句的后续语句,调用系统库函数 printf()进行输出。如果引入 break 语句,程序就可以得到预期的运行结果。下面看改进的程序算法。

程序算法 2 代码：

```
# include<stdio.h>
int main()
{
    int score,t;
    char grade;
    printf("Please input the score:\n");
    scanf("%d",&score);
    if(score<=100&&score>=0)
    {
        t=score/10;
        switch(t)
        {
            case 10:
            case 9:grade='A';break;
            case 8:grade='B';break;
            case 7:grade='C';break;
            case 6:grade='D';break;
            default:grade='E';
        }
        printf("The grade of score:%d is %c.\n",score,grade);
    }
    return 0;
}
```

程序的运行结果 1：

```
Please input the score:
100
The grade of score:100 is A.
```

程序的运行结果 2：

```
Please input the score:
80
The grade of score:80 is B.
```

程序的运行结果 3：

```
Please input the score:
0
The grade of score:0 is E.
```

程序的运行结果 4：

```
Please input the score:
59
The grade of score:59 is E.
```

程序的运行结果 5：

```
Please input the score:
60
The grade of score:60 is D.
```

说明：

①在 switch 语句中出现了 break 语句，当运行 break 语句时，实现结束 switch 语句的当前分支，转去执行 switch 后续语句的功能。②一般情况下，考虑在相应的 case 常量标号后面设置 break 语句，以完成多分支结构的某个具体分支。

例 3-8　根据输入的等级成绩，输出对应的百分制分数段。A 等为 90 分及以上，B 等为[80，90)区间段分数，C 等为[70，80)区间段分数，D 等为[60，70)区间段分数，E 等为[0，60)区间段分数。

这是一个典型的多分支结构，且分支的条件是等级成绩的值。这里的等级成绩可能的正常取值有 5 种，而且等级成绩对应的数据类型是字符型。依据以上这些特点，都适合应用 switch 语句来解决问题。

程序算法代码：

```c
# include<stdio.h>
int main()
{
    char grade;
    printf("Please input the grade:\n");
    scanf("%c",&grade);
    switch(grade)
        {
            case'a':
            case'A':printf("The grade:%c is between [90,100]\n",grade);break;
            case'b':
            case'B':printf("The grade:%c is between [80,90)\n",grade);break;
            case'c':
            case'C':printf("The grade:%c is between [70,80)\n",grade);break;
            case'd':
            case'D':printf("The grade:%c is between [60,70)\n",grade);break;
            case'e':
            case'E':printf("The grade:%c is between [0,59)\n",grade);break;
            default:printf("The grade:%c is error \n",grade);
        }
    return 0;
}
```

程序的运行结果 1：

```
Please input the grade:
c
The grade:c is between [70,80)
```

程序的运行结果 2：

```
Please input the grade:
C
The grade:C is between [70,80)
```

思考：如果用 if 语句的嵌套结构来实现这个题目的功能，那么程序代码可以怎么写？

3.3　选择结构程序设计综合案例

例 3-9　输入一个字符，判断该字符是否为小写字母。如果是，那么将它转换成大写字母输出；如果不是，则不转换也不输出。

这是一个单分支的选择结构。首先，要判断输入的字符是否是小写字母。根据 ASCII 表，小写字母的 ASCII 值在 [97，122] 的区间，取值范围在 ['a'，'z'] 区间。同一个字母的大写字母和小写字母的 ASCII 值之间存在规律的差值，大写字母的 ASCII 值比相应小写字母的 ASCII 值小 32。于是可以考虑通过字母的 ASCII 值做算术运算来实现输入字母的小大写转换。

程序算法 1 代码：

```
# include<stdio. h>
int main()
{
    char ch;
    printf("Please input a letter:\n");
    scanf("%c",&ch);
    if(ch>='a'&&ch<='z')     //判断输入的字符是否是小写字母
        printf("%c is a lowercase letter and the uppercase letter is %c.\n",
ch,ch-32);
    return 0;
}
```

程序的运行结果 1：

```
Please input a letter:
y
y is a lowercase letter and the uppercase letter is Y.
```

程序的运行结果 2：

```
Please input a letter:
C
```

说明：if 语句后面的逻辑与表达式，表示 && 符号两侧的关系表达式要同时成立。即 ch>='a'和 ch<='z'同时成立。此处 if 语句中的逻辑与表达式，也可以通过 if 语句的嵌套来实现。请看下面的程序代码。

程序算法 2 代码：

```
# include<stdio.h>
int main()
{
    char ch;
    printf("Please input a letter:\n");
    scanf("%c",&ch);
    if(ch>='a')          /* ch 的 ASCII 值大于等于'a'的 ASCII 值 */
        if(ch<='z')      /* 并且,ch 的 ASCII 值小于等于'z'的 ASCII 值 */
        printf("%c is a lowercase letter and the uppercase letter is %c.\n",
ch,ch-32);
    return 0;
}
```

例 3-10 输入一个字符，通过 ASCII 值范围的判断，输出判断的结果（大写字母、小写字母、数字字符、其他符号）。

这是一个多分支的选择结构。首先，要输入一个字符。然后，判断字符所属的类别（共 4 路分支）。根据 ASCII 表，小写字母的取值范围是['a', 'z']（对应的 ASCII 值范围是[97，122]），大写字母的取值范围是['A', 'Z']（对应的 ASCII 值范围是[65，90]），数字字符的取值范围是['0', '9']（对应的 ASCII 值范围是[48，57]），剩下的为其他字符。所以考虑用 if 的嵌套来实现问题求解，或者用 switch 语句来解决问题。

程序算法 1 代码：

```
# include<stdio.h>
int main()
{
    char ch;
    printf("Please input a character:\n");
    scanf("%c",&ch);
    if(ch>='a'&&ch<='z')
        printf("%c is a lowercase letter.\n",ch);
    else
        if(ch>='A'&&ch<='Z')
            printf("%c is an uppercase letter.\n",ch);
```

```
        else
            if(ch>='0'&&ch<='9')
                printf("%c is a number character.\n",ch);
            else
                printf("%c is other character.\n",ch);
    return 0;
}
```

程序的运行结果 1：

```
Please input a character:
9
9 is a number character.
```

程序的运行结果 2：

```
Please input a character:
!
! is other character.
```

程序的运行结果 3：

```
Please input a character:
C
C is an uppercase letter.
```

程序的运行结果 4：

```
Please input a character:
c
c is a lowercase letter.
```

说明： 根据题目给定的已知条件，利用 if 语句的嵌套结构完成了该程序的代码。考虑到该算法也满足 switch 语句的应用特点，因此也可以采用 switch 语句来实现这个多分支结构。

程序算法 2 代码：

```
# include<stdio.h>
int main()
{
    char ch;
    printf("Please input a character:\n");
    scanf("%c",&ch);
    switch(ch)
    {
        default:
            printf("%c is other character.\n",ch);break;
```

```
        case 65:case 66:case 67:case 68:case 69:case 70:
        case 71:case 72:case 73:case 74:case 75:case 76:case 77:
        case 78:case 79:case 80:case 81:case 82:case 83:case 84:case 85:
        case 86:case 87:case 88:case 89:case 90:
            printf("%c is an upercase letter.\n",ch);break;
        case 97:case 98:case 99:case 100:case 101:case 102:
        case 103:case 104:case 105:case 106:case 107:case 108:case 109:
        case 110:case 111:case 112:case 113:case 114:case 115:case 116:case 117:
        case 118:case 119:case 120:case 121:case 122:
            printf("%c is an lowercase letter.\n",ch);break;
        case 48:case 49:case 50:case 51:case 52:case 53:case 54:case 55:
case 56:case 57:
            printf("%c is a number character.\n",ch);break;
        }
    return 0;
    }
```

说明：

①switch 语句的语句体中，case 语句书写比较灵活，多个 case 标号可以共用一组语句。②计算机算法是计算机解决问题的方法和步骤。对于同一个问题，可行的计算机算法可能不止一种。可以考虑应用不同的算法解决同一个问题，以巩固专业知识，提升和拓展解决问题的能力。

例 3-11 输入一个年份，判断该年份是否是闰年。如果是闰年则输出该年份，否则不做任何操作。

这是一个单分支的选择结构。首先，要输入一个公元后的年份，赋值给整型变量 year。然后根据闰年的判断准则，对输入的年份 year 进行判断。闰年是能够被 4 整除且不能被 100 整除，或者能被 400 整除的年份。如果 year 是闰年，则输出结果；否则不做操作。

程序算法 1 代码：

```
# include<stdio.h>
int main()
{
    int year,leap;
    printf("Please input a year:\n");
    scanf("%d",&year);
    if(year%4==0)
    {
        if(year%100==0)
        {
            if(year%400==0)
                leap=1;
            else
                leap=0;
```

```
        }
        else
            leap=1;
    }
    else
        leap=0;

    if (leap)
        printf("Year %d is a leap year.\n",year);
return 0;
}
```

程序的运行结果 1：

```
Please input a year:
2060
Year 2060 is a leap year.
```

程序的运行结果 2：

```
Please input a year:
2035
```

说明：

①leap 是一个标志变量。当 leap 的值为 1 时，表示 year 是闰年；当 leap 的值为 0 时，表示 year 不是闰年。②在 if 语句嵌套的过程中，要特别注意 if 和 else 的配对关系。③南北朝时期的数学家、天文学家祖冲之根据观察、分析、研究等，提出了 391 年内 144 闰的新闰法，这个闰法在当时是最精密的。这就是通常说的：四年一闰，百年不闰，四百年再闰。祖冲之根据各种研究成果，成功制成了当时最科学、最进步的历法——《大明历》。这是祖冲之科学研究的天才结晶，也是他在天文历法上为人类和世界作出的卓越贡献。

根据前面关于该题的分析，可否有其他解决问题的方案？答案是肯定的。可以用 C 语言的一个逻辑表达式来表示对闰年的判断：year％4＝＝0＆＆year％100！＝0‖year％400＝＝0。下面来看另一个程序算法。

程序算法 2 代码：

```
# include<stdio.h>
int main()
{
    int year;
    printf("Please input a year:\n");
    scanf("%d",&year);
```

```
    if(year%4==0&&year%100!=0||year%400==0)
        printf("Year %d is a leap year.\n",year);
    return 0;
}
```

说明：

①程序算法 2 的 if 语句中的表达式更复杂，但整体代码数量相对更少，程序相对更好理解。②表达式 year%4==0&&year%100!=0 || year%400==0 中出现了多种运算符。要根据运算符的优先级、结合性、要求运算数的个数等计算表达式的值。在表达式出现的多种运算符中，取余(%)运算符的优先级最高；次之的是等于运算符(==)和不等于(!=)运算符；再次之的是逻辑与(&&)运算符；最后是逻辑或(||)运算符。这个表达式就实现了对 year 是否是闰年的判断。

例 3-12 求 $ax^2+bx+c=0$ 方程的解。

一元二次方程求解时，需要根据 delta 的值进行不同的求解操作，因此这是一个多分支选择结构。方程的多个系数(a、b、c)可以为实数，这里考虑应用单精度 float 类型。当系数 a 不等于零时，方程为一元二次方程。但是，一个实数在计算和存储时会有一些微小的误差，因此不能直接判断一个实数和零的等于关系。比较常用的解决方案是通过判断一个实数的绝对值是否小于一个很小的数(如 10^{-6})来断定该实数是否为零。

程序算法 1 代码：

```
# include<stdio.h>
# include<math.h>    /* 包含头文件,可调用进行算术运算的库函数,如 fabs()、sqrt
()*/
int main()
{
    float a,b,c,delta,x1,x2;
    printf("Please input coefficient a,b,c:\n");
    scanf("%f,%f,%f",&a,&b,&c);    /* 输入方程的 3 个系数 */
    if (fabs(a)>1e-6)              /* 如果系数 a 不等于 0,那么构成一元二次方程 */
    {
        delta=b*b-4*a*c;          /* 计算一元二次方程的 delta */
        if(delta<0)               /* 如果一元二次方程的 delta 小于 0 */
            printf("There are two complex roots here.\n");
        else                      /* 如果一元二次方程的 delta 大于等于 0 */
        {
            printf("There are two real roots here.\n");
            if (fabs(delta)>1e-6)
            {
                x1=(-b+sqrt(delta))/(2*a);
                x2=(-b-sqrt(delta))/(2*a);
                printf("x1=%f,x2=%f.\n",x1,x2);
            }
```

```
        else
            printf("x1=x2=%f.\n",-b/(2*a));
        }
    }
    return 0;
}
```

程序的运行结果：

```
Please input coefficient a,b,c:
3,9,6
There are two real roots here.
x1=-1.000000,x2=-2.000000.
```

说明：上述程序的算法主要是处理系数 a 不为 0 的情况，对于 a 等于 0 的情况未做讨论。接下来，通过程序算法 2 进一步详细考虑系数 a 为 0 的求解情况。

当系数 a 等于 0 时，方程退化为 $bx+c=0$。当系数 b 不为 0 时，方程为一元一次方程，有唯一的解；当系数 b 为 0 时，并且系数 c 也为 0，那么方程有无穷个解；当系数 b 为 0，且系数 c 不为 0 时，方程无解。

程序算法 2 代码：

```c
#include<stdio.h>
#include<math.h>
int main()
{
    float a,b,c,delta,x1,x2;
    printf("Please input coefficient a,b,c:\n");
    scanf("%f,%f,%f",&a,&b,&c);
    if(fabs(a)>1e-6)
    {
        delta=b*b-4*a*c;              /*计算一元二次方程的 delta*/
        if(delta<0)                   /*如果一元二次方程的 delta 小于 0*/
            printf("There are two complex roots here.\n");
        else                          /*如果一元二次方程的 delta 大于等于 0*/
        {
            printf("There are two real roots here.\n");
            if(fabs(delta)>1e-6)
            {
                x1=(-b+sqrt(delta))/(2*a);
                x2=(-b-sqrt(delta))/(2*a);
                printf("x1=%f,x2=%f.\n",x1,x2);
            }
            else
```

```
                        printf("x1=x2=%f.\n",-b/(2*a));
                }
        }
        else
        {
                if(fabs(b)>1e-6)
                        printf("The equation has one root:%f.\n",-c/b);
                else
                        if(fabs(c)>1e-6)
                                printf("The equation has no root.\n");
                        else
                                printf("The equation has infinite roots.\n");
        }
        return 0;
}
```

例 3-13 模拟自动售货机的菜单。根据菜单，提示用户输入要购买的商品。当用户输入后，程序提示用户所选择的商品信息。

这是一个典型的多分支选择结构，可以考虑使用 switch 语句来实现。

程序算法代码：

```
# include<stdio.h>
# include<stdlib.h>
int main()
{
    int button;
    system("cls");
    printf("******************\n");
    printf("*可以选择的序号:*\n");
    printf("*1.巧克力       *\n");
    printf("*2.蛋糕         *\n");
    printf("*3.牛奶         *\n");
    printf("******************\n");
    printf("从 1、2、3 中选择序号\n");
    scanf("%d",&button);
    switch(button)
    {
        case 1:printf("您选择了巧克力\n");break;
        case 2:printf("您选择了蛋糕\n");break;
        case 3:printf("您选择了牛奶\n");break;
    }
    printf("\n");
    return 0;
}
```

程序的运行结果：

```
* * * * * * * * * * * * * * * * * *
可以选择的序号：
* 1. 巧克力          *
* 2. 蛋糕            *
* 3. 牛奶            *
* * * * * * * * * * * * * * * * * *
从 1、2、3 中选择序号
1
您选择了巧克力
```

说明：应用 switch 语句可以实现模拟简单的多菜单项的菜单架构，为后续的拓展奠定了一定的基础。

综上，在实践应用中可以考虑采用 C 语言提供的 if 及相关语句、switch 及相关语句来实现单分支、双分支、多分支的选择结构程序设计。选择结构程序设计依然遵循结构化程序设计的单入口/单出口的原则。大家在学习中多分析、多思考、多练习、多总结，体会程序设计的乐趣。

习　题

程序设计题

1. 有一个分段函数（如下），要求输入 x 的值，输出 y 的值。

$$y=\begin{cases} 3x^2-1 & (x\leqslant-6), \\ |x|+1 & (-6<x\leqslant6), \\ 2x^3+x+7 & (x>6). \end{cases}$$

2. 给出一个不多于六位的正整数，要求如下：

(1) 求出这个正整数是几位数；

(2) 分别求出每一位数字；

(3) 按逆序输出各位数字，如原数为 123456，应输出 654321。

3. 输入公元后某年某月某日，判断这一天是这一年的第几天？注意闰年的情况。

4. 用 switch 语句编写一个简单的加减乘除计算器（能够进行正确的单次加、减、乘、除运算）。

第4章 循环结构

在实际应用中，还可能会碰到需要进行重复处理的问题。例如，求1＋2＋3＋…＋100的累加和问题；统计输入的一串字符中，大写字母的个数；在3000名学生中征集慈善募捐，募捐结束时统计捐款总数和平均每人捐款的数目等。

循环结构的特点是：在满足给定条件的前提下反复执行代码段，直到条件不成立为止。这里的给定条件被称为循环条件，反复执行的某代码段被称为循环体。

顺序结构、选择结构和循环结构是结构化程序设计的3种基本结构，是相对复杂程序的基本构成单元。

本章主要讲解C语言中的循环结构程序设计。C语言中提供了for语句、while语句、do-while语句等来实现循环结构。通过案例的讲解，希望读者可以熟练掌握和应用循环结构的设计。

4.1 for 语句

for语句是C语言中提供的比较重要，且能灵活方便地实现循环结构的语句。for语句可以用来解决循环次数已经确定的情况，也可以用来处理循环次数不确定而给出循环结束条件的问题。for语句的功能比较强大，除了可以给出循环条件外，还可以赋初值，使循环变量调整等。

4.1.1 for 语句的一般形式

```
for(表达式 1;表达式 2;表达式 3)
        循环体语句
```

其含义是：当循环条件表达式2成立时，执行for语句的循环体语句；否则，退出for循环，转去执行for语句之后的语句。

for语句的执行过程，如图4-1所示。

(1)求解表达式1。

(2)求解表达式2。若表达式2的值为真，则执行循环体，然后执行下面的步骤(3)；若表达式2的值为假，则结束循环，转到步骤(5)执行。

(3)求解表达式3。

(4)转回上面的步骤(2)继续执行。

(5)循环结束，执行for语句的后续语句。

说明1：表达式1指出了循环的初始条件或循环变量的初始值。表达式1只执行一次。可以为0个、一个或者多个变量(这里的变量可以不是循环变量)设置初值。

说明2：表达式1可以是简单表达式，也可以是逗号表达式等。

说明3：表达式1可以空缺，但是分号不可以省略。

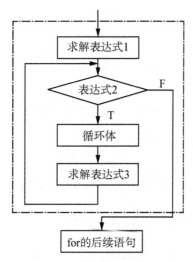

图 4-1 for 语句的执行过程

说明 4：表达式 2 是循环条件表达式，给出了循环执行的条件。当循环条件表达式 2 为真时，则进入循环体。

说明 5：表达式 2 一般是关系表达式，也可以是逻辑表达式、数值表达式、字符表达式等。

说明 6：表达式 2 可以空缺。但为了保证算法不会陷入"死循环"，循环体和表达式 3 中需要有能使循环结束的功能代码。

说明 7：在执行完 for 语句的循环体之后，才执行表达式 3。

说明 8：表达式 3 可以实现对循环控制变量的调整，可以是和循环控制无关的表达式，也可以默认。

说明 9：表达式 3 可以是简单表达式，也可以是逗号表达式等。

说明 10：表达式 1、表达式 3 同时空缺是可行的。

说明 11：表达式 1、表达式 2、表达式 3 同时省略是可行的。

说明 12：for 语句的循环体语句是具体需要执行的代码，可以是简单语句或复合语句，也可以是空语句。

接下来，通过 for 循环案例，来进一步阐述 for 语句的各种灵活形式和应用。

4.1.2 for 循环应用案例

在第 2 章中，已经通过 for 语句解决了 $1+2+3+\cdots+100$ 的求和问题。接下来，就在这个基础上进一步了解 for 语句的灵活应用。

例 4-1 用 for 语句求 $1+3+\cdots+99+101$ 的和。

本例抽象出来的数学模型是累加和问题，即多个加数连续做加法运算以求和。因为需要反复做加法运算，所以考虑应用循环结构来实现。而循环的关键问题在于找到加数的变化规律。就本例而言，第一个加数是 1，后面的加数比其紧邻的前一个加数大 2；并且，加数的个数是有限的，共有 51 个加数（循环做 50 次加法），最后一个加数是 101。

程序算法代码：

```
# include<stdio.h>
int main()
{
    int i,sum= 0;
    /* 变量 i 表示每次的加数;变量 sum 表示累加和(初值为 0)*/
    for(i=1;i<=101;i=i+2)
    /* 循环变量 i 的初值设置为 1;
        循环加的条件是当前的加数小于等于 101;
        根据分析得到的规律,循环体累加结束后,更新得到下一个要加的加数 i*/
    {
        sum=sum+i;/* 更新和变量 sum 的值*/
    }
    printf("The sum is %d.\n",sum);
    return 0;
}
```

程序的运行结果：

```
The sum is 2601.
```

说明： 为了体现 for 语句的灵活性，接下来看一下本算法的其他各种可能的变化形式。

形式 1：

```
# include<stdio.h>
int main()
{
    int i,sum;        /* 只定义变量*/
    i=1;              /* 然后给变量赋值*/
    sum=0;
    for(;i<=101;)
    {
        sum=sum+i;
        i=i+2;
    }
    printf("The sum is %d.\n",sum);
    return 0;
}
```

形式 2：

```
# include<stdio.h>
int main()
{
    int i,sum=0;                /* 为变量 sum 做初始化赋值*/
```

```
    for(i=1;i<=101;)              /*通过 for 的表达式 1 完成对变量 i 的赋值 */
    {
        sum=sum+i;
        i=i+2;
    }
    printf("The sum is %d.\n",sum);
    return 0;
}
```

形式 3：

```
# include<stdio.h>
int main()
{
    int i=1,sum=0;
    for(  ;  ;  )          /* for 的 3 个表达式都空缺 */
    {
        sum=sum+i;
        i=i+2;
        if(i>101)
            break;
    }
    printf("The sum is %d.\n",sum);
    return 0;
}
```

形式 4：

```
# include<stdio.h>
int main()
{
    int i=1,sum;
    sum=0;
    for(;i<=101;i=i+2)
        sum=sum+i;          /* for 的循环体是一条简单语句,可以不用大括号 */
    printf("The sum is %d.\n",sum);
    return 0;
}
```

形式 5：

```
# include<stdio.h>
int main()
{
    int i=1,sum,t=1;       /*变量 t 用来记录循环加的加数个数。即通过 for 语句处理
循环次数已知的循环情况。而上面的算法处理都是可以不考虑循环次数的 */
```

```
        sum=0;
        for(;t<=51;t++)
        {
            sum=sum+i;
            i=i+2;
        }
        printf("The sum is %d.\n",sum);
        return 0;
    }
```

说明：通过这个案例不同形式的解决方案，可以看到 for 语句在解决循环问题时的丰富、灵活、多样的形式。当然这里只给出了部分形式，第 6 章中介绍了逗号表达式之后，for 循环的表达式 1 和表达式 3 部分还可以更换为逗号表达式，实现更丰富的形式。

下面基于例 4-1 进行拓展，通过累加和问题中加数的不同变化规律等，来进一步讲解循环结构的算法设计。

例 4-1 拓展 1：用 for 语句求 $1+1/3+1/5+\cdots+1/99+1/101$ 的和。

本例抽象出来的数学模型还是累加和，即多个加数循环做加法求和。其中，加数的变化规律是：第一个加数是 1；第二个加数的分子是 1，分母是紧邻的前一个加数的分母加 2；第三个加数的分子也是 1，分母是紧邻的前一个加数的分母加 2；以此类推，第 51 个加数的分子是 1，分母是紧邻的前一个加数的分母加 2。找到加数的变化规律，就可以考虑通过循环的方法来求解。

程序算法 1 代码：

```
# include<stdio.h>
int main()
{
    int i;
    float sum=0;
    for(i=1;i<=101;i=i+2)
        sum=sum+1.0/i;
    printf("The sum is %f.\n",sum);
    return 0;
}
```

程序的运行结果：

```
The sum is 2.947676.
```

说明：

①在表示加数的式子"1.0/i"中，分子需要用 1.0 表示。因为算术运算符"/"表示除法运算，如果分子为 1，分母也是整型变量，则此时的算术运算符"/"表示整除运算，除法的结果必须为整数，如果分子小于分母，则结果为 0。

这里 for 的循环条件是最后一个加数的分母要小于等于 101。根据分析，知道共有

51 个加数，可以考虑通过循环次数来控制循环。请看程序算法 2 代码。

程序算法 2 代码：

```
# include<stdio.h>
int main()
{
    int i=1,t=0;            /* t 用来表示循环加的次数 */
    float sum=0;
    for(;t<=50;t++)    /* 每做一次加法(即每执行一次循环体),加法次数计数器 t+1 */
    {
        sum=sum+1.0/i;
        i=i+2;
    }
    printf("The sum is %f.\n",sum);
    return 0;
}
```

说明：for 循环语句可以用来解决循环次数已知的问题，也可以用来解决循环次数未知的问题。

例 4-1 拓展 2：用 for 语句求 $1+3+9+27+81+243+729$ 的和。

题目抽象出来的数学模型是累加和，即多个加数循环做加法求和。其中，加数的变化规律是：第一个加数是 1；第二个加数是紧邻的前一个加数的 3 倍；以此类推，第 7 个加数是 729。找到加数的变化规律，就可以考虑通过循环的方法来求解。

程序算法代码：

```
# include<stdio.h>
int main()
{
    int sum=0,i,term=1;          /* term 变量用来表示每一个加数 */
    for(i=1;i<=7;i++)            /* i 变量用来表示循环的次数 */
    {
        sum+=term;
        term=term*3;             /* 加数的变化规律(等比数列,公比为 3) */
    }
    printf("The sum is %d.\n",sum);
    return 0;
}
```

程序的运行结果：

```
The sum is 1093.
```

说明：对数值问题的求解，一般可以先抽象出对应的数学模型，再考虑具体的算法实现。

例 4-1 拓展 3：用 for 语句求 $1+2^2+3^2+\cdots+10^2$ 的和。

题目抽象出来的数学模型是累加和。其中加数的变化规律是：第一个加数是 1 的平方；第二个加数是 2 的平方；以此类推，第 10 个加数是 10 的平方。可以考虑用循环计数器(统计加数的个数)的平方来表示每个加数。

程序算法代码：

```
# include<stdio. h>
int main()
{
    int sum=0,i,term=1;        /* term 变量用来表示每一个加数 */
    for(i=1;i<=10;i++)         /* i 变量用来表示加数的个数 */
    {
        term=i * i;
        sum+=term;
    }
    printf("The sum is %d.\n",sum);
    return 0;
}
```

程序的运行结果：

```
The sum is 385.
```

说明：求解累加和问题的关键之一是找到加数的变化规律。

例 4-1 拓展 4：从键盘输入一个正整数 n，用 for 语句求 $1-1/3+1/5-1/7+\cdots+1/(2*n-1)$ 的和。

在第 2 章已经完成了一个类似的题目：计算 $1+1/3+1/5+\cdots$ 的前 n 项和，类似的思路抽象出来的数学模型依然是累加和，即求 $1+(-1/3)+(1/5)+(-1/7)+\cdots+1/(2*n-1)$ 的和。其中，加数的变化规律在之前的规律基础上又多了正负号的交替。即第一个加数的符号是正号，第二个加数的符号是负号，第三个加数的符号是正号，如此交替往复。而且需要从键盘输入 n 的值，特别要注意 n 值的有效性和正确性。

程序算法代码：

```
# include<stdio. h>
int main()
{
    int i,n,sign=1;            /* 变量 i 是加数个数计数器;变量 sign 是符号记录器,初值为 1 */
    float sum=0,term;
    printf("Please input the value of n:\n");
    scanf("%d",&n);            /* 求 n 项数据的和 */
    for(i=1;i<=n;i++)
    {
        term=sign * 1. 0/(2 * i-1);
        sum=sum+term;
```

```
        sign=(-1) * sign;      /* sign 取反 */
    }
    printf("The sum is %f.\n",sum);
    return 0;
}
```

程序的运行结果 1：

```
Please input the value of n:
3
The sum is 0.866667.
```

程序的运行结果 2：

```
Please input the value of n:
10000
The sum is 0.785375.
```

说明：累加和问题可能的外像表现有很多，然而核心都是求若干个加数的和。在循环求和的过程中，要特别注意循环的初始条件、循环的判断条件、循环体等的设置，以期正确有效地解决问题。以上的累加和问题中，加数的变化是有一定规律的。接下来再来看一个加数个数确定，但加数需要从键盘输入的累加和例子。

例 4-1 拓展 5：(用 for 语句实现)从键盘输入 10 个整数，求和并将结果输出。

题目抽象出来的数学模型依然是累加和。即依次从键盘输入一个整数，重复输入操作 10 次，计算 10 次输入的整数的和并进行输出。特别要注意输入的 n 值的有效性和正确性。

程序算法 1 代码：

```
# include<stdio.h>
int main()
{
    int i;                  /* 变量 i 是加数个数计数器 */
    int sum=0;
    int x;
    for(i=1;i<=10;i++)
    {
        printf("Please input the %d number:\n",i);
        scanf("%d",&x);
        sum=sum+x;
    }
    printf("The sum is %d.\n",sum);
    return 0;
}
```

程序的运行结果：

```
Please input the 1 number:
1
Please input the 2 number:
2
Please input the 3 number:
3
Please input the 4 number:
4
Please input the 5 number:
5
Please input the 6 number:
6
Please input the 7 number:
7
Please input the 8 number:
8
Please input the 9 number:
9
Please input the 10 number:
10
The sum is 55.
```

说明： 该程序接受了 10 个有效的数据，也完成了正确的求和并进行了输出。有时即便是输入的每个 x 值都是有效的、正确的，但是求和之后的结果仍有可能超出 int 类型数据的取值范围，所以要特别注意溢出的问题（C 语言 int 类型的取值范围在 32/64 位系统中一般都是 32 位，范围为 $-2147483648 \sim +2147483647$，无符号情况下表示为 $0 \sim 4294967295$）。

例 4-2 用 for 语句求 $n!$。

题目要求一个大于等于零的整数的阶乘，本质上抽象出来的数学模型是累乘积。即若干个整数的乘积，并且乘数的变化是有规律的。依据数学的知识，可得知 0 或者 1 的阶乘为 1；大于 1 的整数 n 的阶乘等于 $n * (n-1)!$，进一步展开为 $n * (n-1) * \cdots * 1$。

程序算法代码：

```c
# include<stdio.h>
int main()
{
    int i,n,f=1;
    printf("Please input an integer(>=0):\n");
    scanf("%d",&n);              /* 求整数 n(n>=0)的阶乘 */
    if (n==0||n==1)              /* 当 n 为 0 或者 1 时,阶乘结果为 1 */
        printf("The factorial is 1. \n");
```

```
    else
      {
          for(i=1;i<=n;i++)
                f=f*i;
          printf("The factorial is %d.\n",f);
      }
    return 0;
}
```

程序的运行结果：

```
Please input an integer(>=0):
6
The factorial is 720.

Please input an integer(>=0):
32768
The factorial is 0.

Please input an integer(>=0):
33333333333333
The factorial is 0.
```

说明：

①if 语句实现了双分支的选择结构。②for 语句实现了循环乘积的功能。其中循环变量 i 表示当前的乘数，变量 f 表示乘积。③有可能从键盘接收的 n 值超出 int 类型数据能够表示的有效数据的上限，导致溢出，程序运行结果出错；亦有可能从键盘接受的 n 值是合法的，但是在计算 f 的过程中，出现溢出，程序运行结果也是不正确的。

例 4-3　（用 for 语句实现）输出斐波那契数列的前 20 项。

斐波那契数列来源于一个古典数学问题：一对兔子，从出生后的第三个月开始，每个月都生一对兔子。如果所有的兔子都能活着，请问每个月的兔子对数为多少？这样的变化规律，如表 4-1 所示。

表 4-1　兔子的生殖规律统计列表

月数	小兔子数量 （单位：对）	中兔子数量 （单位：对）	老兔子数量 （单位：对）	总的兔子数量＝ （小兔子对数＋中兔子对数＋ 老兔子对数）
1	1	0	0	1
2	0	1	0	1
3	1	0	1	2
4	1	1	1	3

续表

月数	小兔子数量 （单位：对）	中兔子数量 （单位：对）	老兔子数量 （单位：对）	总的兔子数量＝ （小兔子对数＋中兔子对数＋ 老兔子对数）
5	2	1	2	5
6	3	2	3	8
7	5	3	5	13
8	8	5	8	21
⋮	⋮	⋮	⋮	⋮

从统计列表中，可以得到每个月总的兔子对数。这样一系列的数构成的数列为 1，1，2，3，5，8，13，…，这个数列被称为斐波那契数列。用数学公式可以表示为

$$f_1 = 1 \qquad\qquad (m=1)$$
$$f_2 = 1 \qquad\qquad (m=2)$$
$$f_m = f_{m-1} + f_{m-2} \qquad (m \geqslant 3)$$

下面来看怎样通过程序算法输出斐波那契数列的（前 20 项）数列项。

程序算法代码：

```
# include<stdio.h>
int main()
{
    int f1=1,f2=1,f;
    int i;
    printf("斐波那契数列的第 1 项是 1\n,斐波那契数列的第 2 项是 1\n");
    for(i=3;i<=20;i++)
    {
        f=f1+f2;
        printf("斐波那契数列的第%-2d项是%-4d\n",i,f);
        f1=f2;
        f2=f;
    }
    return 0;
}
```

程序的运行结果：

```
斐波那契数列的第 1 项是 1
斐波那契数列的第 2 项是 1
斐波那契数列的第 3 项是 2
斐波那契数列的第 4 项是 3
```

斐波那契数列的第 5 项是 5
斐波那契数列的第 6 项是 8
斐波那契数列的第 7 项是 13
斐波那契数列的第 8 项是 21
斐波那契数列的第 9 项是 34
斐波那契数列的第 10 项是 55
斐波那契数列的第 11 项是 89
斐波那契数列的第 12 项是 144
斐波那契数列的第 13 项是 233
斐波那契数列的第 14 项是 377
斐波那契数列的第 15 项是 610
斐波那契数列的第 16 项是 987
斐波那契数列的第 17 项是 1597
斐波那契数列的第 18 项是 2584
斐波那契数列的第 19 项是 4181
斐波那契数列的第 20 项是 6765

说明：

①斐波那契数列的第 1 项为 1，第 2 项为 1，第 3 项为前两项的和，第 4 项为第 2 项和第 3 项的和，并以此类推。即斐波那契数列的数列项从第 3 项开始，其值的变化是有规律的，可以通过 for 循环语句来实现满足变化规律的斐波那契数列项的求解。②依据 for 语句的执行过程，表达式 i＝3 只执行一次。即从斐波那契数列的第 3 项开始，符合分析的求解规律。表达式 i≤＝20，是循环条件表达式，确保只输出数列的前 20 项。表达式 i＋＋，在执行完 for 语句的循环体后执行，用来记录当前的斐波那契数列项的序号。③for 循环体中，共有 4 条语句。其中，f＝f1＋f2 用来实现当前（第 3 项及以后的项）斐波那契数列项的求解；然后通过系统库函数 printf() 的调用输出当前的数列项；最后的两条赋值语句，实现更新下一个斐波那契数列项的前两项值的功能。

4.2　while 语句

对于需要重复处理的问题，除了使用 for 语句来解决之外，C 语言中还提供了 while 语句来解决循环问题。

4.2.1　while 语句的一般形式

while 语句的一般形式如下：

```
while (表达式)语句
```

其含义是：当循环条件表达式的值为真时，执行 while 循环体语句；否则执行 while 的后续语句。

其中，while 是系统关键字（大小写敏感）；while 后面的小括号必不可省；表达式是循环条件表达式，明确了执行循环的条件。当表达式为真时，执行循环体；为假时，则不执行循环体；循环体语句可以是简单语句，也可以是复合语句；有可能一次也执行不到 while 的循环体语句。

特别强调 while 语句的执行过程：当循环条件表达式为真，则执行循环体语句；否则退出循环，执行循环的后续语句。

所以，可以总结得到 while 语句的特点：先判断循环条件表达式，再根据表达式的值，确定是否执行循环体语句。

下面通过 while 循环应用案例，来进一步理解 while 语句的一般形式、执行过程和特点等。

4.2.2 while 循环应用案例

例 4-4 累加和。用 while 语句求 $1+3+5+\cdots+101$ 的和。

如例 4-1 的分析，题目抽象出来的数学模型是累加和。这里用 while 语句来实现循环求和的功能。

程序算法代码：

```
# include<stdio. h>
int main()
{
    int i=1,sum=0;
    while (i<=101)
    {
        sum=sum+i;
        i=i+2;
    }
    printf("sum=%d\n",sum);
    return 0;
}
```

程序的运行结果：

```
sum=2601
```

说明：

①while 语句的循环体中，应该有使循环趋于结束的语句，如这里的赋值语句 i=i+2;，这样可以确保循环执行到一定条件时，能够退出循环。②同样的题目，可以用不同的循环语句来实现求解，可以根据需要进行灵活的处理。

例 4-5 （用 while 语句实现）统计输入的一串字符中大写字母的个数，并将结果输出。

设置一个计数器 i，初值置 0，用来统计输入的字符串中大写字母的个数。只要从键盘输入的字符不是 '\n'，就保持输入状态。对输入的每一个字符，都要判断其是否为大写字母。如果是大写字母，则计数器 i 做++运算。当循环输入字符结束时，即输入了 '\n' 字符，则结束循环输入，输出当前的计数器 i 的值。

程序算法代码：

```
# include<stdio.h>
int main()
{
    int i=0;
    char ch;
    while ((ch=getchar())!='\n')
    {
        if(ch>='A'&&ch<='Z')
            i++;
    }
    printf("The number of uppercase letters is %d.\n",i);
    return 0;
}
```

程序的运行结果：

```
The number of uppercase letters is 7.
```

说明：

①while 循环条件(ch=getchar())!='\n'，整体上是一个关系表达式，关系运算符"!="表示"不等于"关系。"!="关系运算符左侧的表达式 ch=getchar()，是赋值表达式，实现将 getchar()的值赋给 char 类型的变量 ch。getchar()是系统库函数，其功能是从标准输入设备读取下一个字符，为了合法调用系统库函数 getchar()，需要在调用前包含头文件"stdio.h"。②while 语句的循环体，由一条 if 单分支语句构成。如果当前从键盘输入的字符是大写字母，则计数器 i 做++运算，否则不做任何操作。

4.3 do-while 语句

对于需要重复处理的问题，除了使用 for 语句和 while 语句来解决之外，C 语言中还提供了 do-while 语句来解决循环问题。

4.3.1 do-while 语句的一般形式

do-while 语句的一般形式如下：

```
do
语句
while (表达式);
```

其含义是：先执行循环体语句，然后判断循环条件表达式的值。如果循环条件表达式的值为真，那么继续执行循环体语句；否则结束 do-while 语句的执行。

其中，do 和 while 是系统关键字(大小写敏感)；while 后面的小括号必不可省，小括号后面的分号必不可省；表达式是循环条件表达式，明确了执行循环的条件。当表达式为真时，执行循环体语句；为假时，不执行循环体语句；循环体语句可以是简单语句，也可以是复合语句；do-while 的循环体语句至少被执行一次。

特别强调 do-while 语句的执行过程：先无条件地执行一次循环体，然后，再判断循环条件。如果循环条件表达式为真，则继续执行循环体；否则退出循环，转去执行循环的后续语句。

所以，可以总结得到 do-while 语句的特点：do-while 的循环体会先被无条件地执行一次。

下面通过 do-while 循环应用案例，进一步理解 do-while 语句的一般形式、执行过程和特点等。

4.3.2　do-while 循环应用案例

例 4-6　（用 do-while 语句实现）从键盘输入 10 个整数，求这 10 个数的和，并将结果输出。

依据例 4-1 的拓展 5，题目抽象出来的数学模型依然是累加和。特别要注意输入的 n 值的有效性和正确性。

程序算法代码：

```c
# include<stdio.h>
int main()
{
    int i=1;                    /*变量 i 是加数个数计数器*/
    int sum=0;
    int x;
    do
    {
        printf("Please input the %d number:\n",i);
        scanf("%d",&x);
        sum=sum+x;
        i++;
    } while(i<=10);
    printf("The sum is %d.\n",sum);
    return 0;
}
```

程序的运行结果：

```
Please input the 1 number:
1
Please input the 2 number:
2
Please input the 3 number:
3
```

```
Please input the 4 number:
4
Please input the 5 number:
5
Please input the 6 number:
6
Please input the 7 number:
7
Please input the 8 number:
8
Please input the 9 number:
9
Please input the 10 number:
10
The sum is 55.
```

说明： 要注意溢出问题有两种情况，一种情况是输入的加数溢出，即超出 int 类型数据的有效范围；另一种情况是累加和 sum 溢出。

例 4-7 （用 do-while 语句实现）输入一个不多于 5 位的正整数 n，求出这个正整数是几位数，并将位数输出。

这个题目要求用 do-while 语句来实现，对于输入的正整数需要不断循环拆分得到其中的一位数，直到得到所有的数位为止。

程序算法代码：

```
# include<stdio.h>
int main()
{
    int d;
    int i=0;        /* i 用来记录输入的不超过 5 位的正整数的位数 */
    printf("请输入一个不多于 5 位的正整数.\n");
    scanf("%d",&d);
    if (d>=0&&d<=99999)
    {
        do
        {
            d=d/10;
            i++;
        } while(d);
        printf("The number is a %d digit.\n",i);
    }
    else
        printf("The input data is error.\n");
    return 0;
}
```

程序的运行结果：

```
请输入一个不多于 5 位的正整数.
999999
The input data is error.

请输入一个不多于 5 位的正整数.
9
The input data is a 1 digit.

请输入一个不多于 5 位的正整数.
—1
The input data is error.

请输入一个不多于 5 位的正整数.
0
The input data is a 1 digit.
```

说明：

①do-while 的循环体至少被执行一次。②这里的循环条件是 d 变量的值为真，即 d 的值不为 0。注意，如果将这里的 do-while 语句更换为 while 语句，是否能完成数值 0 是 1 位数的正确输出。③这里用循环的方法实现了统计输入的合法正整数位数。

例 4-8 （用 do-while 语句实现）输出斐波那契数列的前 20 项。

关于斐波那契数列，在例 4-3 中已经有了比较充分的讨论。现在，题目要求用 do-while 语句来实现对斐波那契数列前 20 项的输出。算法的关键还是在于循环体的设置、循环条件的设置等。

程序算法代码：

```c
# include<stdio.h>
int main()
{
    int f1=1,f2=1,f;
    int i=2;        /*请大家们思考为什么这里 i 的初值为 2*/
    printf("%-10d%-10d",f1,f2);
    do
    {
        f=f1+f2;
        printf("%-10d",f);
        f1=f2;
        f2=f;
        i++;
        if (i%5==0)
            printf("\n");
    } while (i<20);
```

```
    return 0;
}
```

程序的运行结果：

1	1	2	3	5
8	13	21	34	55
89	144	233	377	610
987	1597	2584	4181	6765

说明：

①do-while 语句的循环体会被无条件执行一次，所以这里循环条件要设置为 $i<20$。否则，会计算出第 21 项的斐波那契数列的数列项。②do-while 语句的 while 后面的表达式的分号不可以省略。③为了让程序的运行结果更美观，在 do-while 语句的循环体中引入了 if 单分支，有效地实现了每输出 5 项斐波那契数列项便换行的效果。

前面已经分析了 for 语句、while 语句、do-while 语句的一般形式、应用等，可以看到不同的语句具有不同的特点。下面将这几种语句进行比较。

3 种语句可以用来处理同一问题，一般情况下，他们可以互换。其中，while 语句和 do-while 语句的循环体中应包含使循环趋于结束的语句，以避免造成死循环的情况；for 语句的使用最为灵活，功能更全更强；凡是能用 while 语句来实现的，用 for 语句都能完成；在循环前，要注意循环变量的正确初始化；在循环中，要注意有使循环趋于结束的语句；循环条件的表达要精准；循环体的表达要完备。

下面请通过读程序，来理解 while 语句和 do-while 语句的循环结构的不同特点。

读下面的代码段，根据整型变量 i 从键盘得到的值，写出代码段的运行结果。

代码段 1：

```
int i,sum=0;
printf("i=?");
scanf("%d",&i);
while(i<=100)
{
  sum=sum+i;
  i++;
}
printf("sum=%d\n",sum);
```

代码段 2：

```
int i,sum=0;
printf("i=?");
scanf("%d",&i);
do
```

```
{
  sum=sum+i;
  i++;
}while(i<=100);
printf("sum=%d\n",sum);
```

分析 1：当从键盘输入的值都为 1 时（即两个代码段中，i 的初值都为 1），两个代码段的运行结果是相同的，都得到了 $\sum_{i=1}^{100} i$ 的值（即 sum 变量的值都是 $\sum_{i=1}^{100} i$），并将结果输出。

程序的运行结果 1：

```
i=? 1
sum=5050
```

分析 2：当从键盘输入的值都为 123 时（即两个代码段中，i 的初值都为 123），两个代码段的运行结果是不同的。代码段 1 中，while 语句的循环体一次也不被执行，最后输出的 sum 的值为 0。代码段 2 中，do-while 语句的循环体只执行一次，最后输出的 sum 的值为 123。

代码段 1 的运行结果：

```
i=? 123
sum=0
```

代码段 2 的运行结果：

```
i=? 123
sum=123
```

说明：在应用 while 语句和 do-while 语句时，要注意区分它们的不同特点。

4.4　break 语句和 continue 语句

上述 for 语句、while 语句、do-while 语句构成的循环结构都可以通过 break 语句或者 continue 语句来改变循环执行的状态。

4.4.1　break 语句的一般形式及应用举例

break 语句的一般形式：

```
break;
```

break 语句的功能和含义是在循环结构中，使流程跳出循环，并接着执行循环下面的语句。

其中 break 是系统关键字(大小写敏感);分号必不可省;break 语句只能应用于循环语句和 switch 语句之中,不能单独使用。

例 4-9 在全院 3000 名学生中征集慈善募捐(每名学生最多捐款 1 次,每次捐款数额不限),当募捐总数达到 7 万元时就结束捐款。统计募捐结束时的捐款人数和人均捐款数目。

正常完成募捐有 3 种可能的情况:

(1)3000 人都捐款,但是,捐款总额小于 7 万元;

(2)3000 人都捐款了,捐款总额大于等于 7 万元;

(3)不到 3000 人捐款,但是捐款总额大于等于 7 万元。

下面进一步分析循环捐款等细节:

(1)循环捐款次数:捐款次数不确定。但依据题意可以肯定的是,最少捐款 1 次,最多循环捐款 3000 次。即捐款次数在[1,3000]的区间范围内。

(2)循环捐款结束的条件:累计捐款总数第一次大于等于 7 万元;或者累计捐款总数小于 7 万元,但捐款人数已经达到 3000 人。

(3)循环过程中至少要实现如下功能:统计当前人的捐款数目;统计已捐款的人数;统计已捐款的总数。

(4)循环结束之后要计算人均捐款数目。

(5)为了较好地实现算法,预设如下的变量:变量 amount,用来存储每人的捐款数目;变量 total,用来存储累计总捐款数;变量 aver,用来存储平均每人的捐款数目;变量 i,用来存储捐款人数;符号常量 SUM,表示本次募捐的上限 7 万。

程序算法 1 代码:

```
# include<stdio.h>
# define SUM 70000
int main()
{
float amount,aver,total=0;
int i;
    for (i=0;i<=3000&&total<SUM;i++)
    {
        printf("Please enter your amount:");
        scanf("%f",&amount);
        total=total+amount;
    }
    aver=total/i;
    printf("The number of persons:%d\nThe average amount per person:%.2f\n",i,
aver);
    return 0;
}
```

程序算法 2 代码:

```
# include<stdio. h>
# define SUM 70000
int main()
{
float amount,aver,total=0;
int i;
    for (i=1;i<=3000;i++)
    {
        printf("Please enter your amount:");
        scanf("%f",&amount);
        total=total+amount;
        if (total>=SUM)break;
    }
    aver=total/i;
    printf("The number of persons:%d\n The average amount per person:%.2f\n",i,aver);
    return 0;
}
```

程序的运行结果:

```
Please enter your amount:90000
The number of persons:1
The average amount per person:90000. 00


Please enter your amount:1
Please enter your amount:1
Please enter your amount:70000
The number of persons:3
The average amount per person:23334. 00
```

说明:

①如上的两种算法都应用了 for 语句来实现循环。②第 1 种算法的循环条件是 $i<=3000$&&total<SUM。即要求与运算符 && 连接的两个关系表达式同时成立。③第 2 种算法的循环条件是 $i<=3000$,但是 for 语句的循环体中有 if(total>=SUM) break;语句,即在循环捐款的过程中,只要满足当前募捐总数>=SUM 时,就执行 break 语句跳出 for 循环体,转去执行 for 的后续语句。

例 4-10 从键盘输入一个大于 3 的正整数 n,判断其是否为素数。

素数(质数)是指在大于 1 的自然数中,除了 1 和它本身以外,不再有其他因数的自然数。考虑依据素数的定义来实现算法,即 n 除以 $i(i$ 的值从 2 变到 $n-1)$,如果 n 不能被 $[2,n-1]$ 闭区间中的任何一个整数整除,则表示 n 满足素数的定义,是一个素数；否则，在 n 被 i（i 要遍历[2，$n-1$]之中的每一个数）除的过程当中，但凡有一次 n 被 i 整除成立，则断定 n 不是素数。

程序算法 1 代码：

```
# include<stdio.h>
int main()
{
    int i,n;
    printf("please enter an integer(>3):n\n");
    scanf("%d",&n);
    for (i=2;i<n;i++)
    {
        if (n%i==0)
            break;
    }
    if (i<n)
        printf("The integer %d is NOT a prime.\n",n);
    else
        printf("The integer %d is a prime.\n",n);
    return 0;
}
```

程序的运行结果：

```
please enter an integer(>3):n
9
The integer9 is NOT a prime.

please enter an integer(>3):n
7
The integer7 is a prime.
```

说明：

①在用 for 语句实现的循环算法中，循环体中只有一条 if 单分支语句。这条 if 单分支的功能是：一旦 n 能够被[2，$n-1$]中的一个值整除，那么 n 就一定不是素数，可以通过 break 语句的执行强行跳出 for 循环，转去执行 for 的后续语句。②for 语句紧邻的后续语句，是一条 if 双分支语句。这里有一个编程技巧，双分支的选择判断条件是 $i<n$。当 $i<n$ 成立时，意味着执行了 for 语句中的 break 语句提前结束 for 循环，故而此种情况下的 n 是非素数。同理，当 $i<n$ 不成立时（此刻，$i==n$ 成立），就执行 else 分支，输出 n 是一个素数。③依据如上的算法，for 语句的循环体最多执行几次？答案是 $n-2$ 次。即如果 n 是一个素数，那么 for 的循环体要被执行 $n-2$ 次。为了节省算法占用的系统资源（时间复杂度和空间复杂度），大家考虑将算法改进一下。其实，只需将 n

被$[2，n/2]$中的整数整除，即可完成 n 是否是素数的判断。再进一步优化算法，将 n 被$[2，sqrt(n)]$中的整数整除，即可完成 n 是否是素数的判断。通过优化程序算法，可以大大减少循环的次数，提高程序执行的效率。

程序算法 2 代码：

```c
# include<stdio.h>
# include<math.h>
int main()
{
    int i,n;
    printf("please enter an integer(>3):n\n");
    scanf("%d",&n);
    for (i=2;i<=sqrt(n);i++)
    {
        if (n%i==0)
            break;
    }
    if (i<=sqrt(n))
        printf("The integer %d is NOT a prime.\n",n);
    else
        printf("The integer %d is a prime.\n",n);
    return 0;
}
```

说明：在确保算法正确、有效的前提下，优先考虑优化算法。

4.4.2 continue 语句的一般形式及应用举例

continue 语句的一般形式：

```c
continue;
```

continue 语句的功能和含义是结束本次循环。即跳过循环体中 continue 语句下面尚未执行的部分，执行下一次循环。

其中，continue 是系统关键字（大小写敏感）；分号必不可省。

例 4-11 输出$[500，700]$之间的不能被 7 整除的整数。

根据题目所给的已知信息，可以定义一个整型变量 n，n 的初值为 500。具体算法如图 4-2 所示。

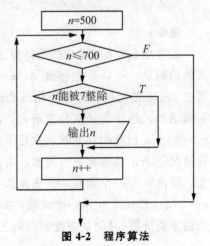

图 4-2 程序算法

程序算法 1 代码：

```
# include<stdio.h>
int main()
{
    int n;
    for(n=500;n<=700;n++)
    {
      if (n%7!=0)
          printf("%d  ",n);
    }
  return 0;
}
```

程序的运行结果：

```
500 501 502 503 505 506 507 508 509 510 512 513 514 515 516 517 519 520 521 522 523
524 526 527
    528 529 530 531 533 534 535 536 537 538 540 541 542 543 544 545 547 548 549 550 551
552 554 555
    556 557 558 559 561 562 563 564 565 566 568 569 570 571 572 573 575 576 577 578 579
580 582 583
    584 585 586 587 589 590 591 592 593 594 597 597 598 599 600 601 603 604 605 606 607
608 610 611
    612 613 614 615 617 618 619 620 621 622 624 625 626 627 628 629 631 632 633 634 635
636 638 639
    640 641 642 643 645 646 647 648 649 650 652 653 654 655 656 657 659 660 661 662 663
664 666 667
    668 669 670 671 673 674 675 676 677 678 680 681 682 683 684 685 687 688 689 690 691
692 694 695
    696 697 698 699
```

说明：程序算法代码 1 的循环结构是用 for 语句实现的。for 语句的循环体中只有一条 if 单分支语句，实现将满足条件的整数输出的功能。

程序算法 2 代码：

```
# include<stdio.h>
int main()
{
    int n;
    for(n=500;n<=700;n++)
     {
        if (n%7==0)
```

```
            continue;
        printf("%d  ",n);
    }
    return 0;
}
```

说明：程序算法代码 2 的循环结构也是用 for 语句实现的。不同的是，在程序算法代码 2 的 for 循环体中有两条语句。一条是 if 单分支语句，实现当 n 能够被 7 整除时，执行 continue 语句（即结束本次循环体的执行，跳过输出语句，执行 for 语句的表达式 3 后进入下一次 for 循环的判断）的功能。另一条输出语句实现将满足条件的整数输出的功能。通过两个算法的对比，可以更好地理解 continue 语句的功能和应用。

将 break 语句和 continue 语句的功能进行比较：continue 语句只结束本次循环，而不是终止整个循环的执行；break 语句则结束整个循环过程，不再判断执行循环的条件是否成立。

4.5　循环的嵌套

4.5.1　循环嵌套的基础知识

循环嵌套的定义：一个循环体内又包含另一个完整的循环结构，称为循环嵌套。

循环嵌套的层次：内嵌的循环中还可以嵌套循环，就构成多层（重）循环。当外层循环中内嵌一层循环时就构成双重循环。双重循环是比较常见的循环嵌套形式。

下面介绍双重循环的几种构成形式：

第一种构成：

```
while()
{···
        while()
        {···}

···}
```

第二种构成：

```
for(;;)
{···
        for(;;)
        {···}

···}
```

第三种构成：

```
do()
{…
        do()
        {…}
        while();
…}while();
```

第四种构成：

```
while()
{…
        do()
        {…}
        while();
…}
```

第五种构成：

```
while()
{…
        for(;;)
        {…}
…}
```

第六种构成：

```
for(;;)
{…
        do
        (…)
        while{};
…}
```

第七种构成：

```
do
{…
        while()
        {…}
…}while();
```

第八种构成：

```
do
{…
        for(;;)
        {…}
…}while();
```

第九种构成：

```
for(;;)
{…
        while()
        {…}
…}
```

其中，for 语句的双重循环应用场景相对较多。下面通过循环嵌套的具体应用，来进一步学习关于循环嵌套的知识。

4.5.2 循环嵌套应用举例

例 4-12 输出以下 4×5 的矩阵：

```
3    6    9    12   15
6    12   18   24   30
9    18   27   36   45
12   24   36   48   60
```

根据题目可知：①在这个 4×5 的矩阵中，共有 20 个数字。②矩阵中的数字是有变化规律的。数字值的变化规律：数字的值＝数字所在行×数字所在列×3。数字数量的变化规律：每行输出 5 个数字，共输出 4 行。③每一行输出的内容为 5 个数字和空格、1 个'\n'。④可以用循环嵌套（双重循环）来处理，外循环来实现不同行内容的输出，内循环输出所在行的每一列内容。⑤定义变量，int i，用来记录所在行；int j，用来记录当前行所在的列；int n，用来记录输出的数据个数。

程序算法代码：

```c
# include<stdio.h>
int main()
{
int i,j,n=0;
    for (i=1;i<=4;i++)              /*矩阵共有 4 行*/
        for (j=1;j<=5;j++)          /*矩阵每行都有 5 列*/
        {
            printf ("%d\t",i*j*3);  /*内循环的循环体,完成行内容的输出*/
```

```
            n++;
            if (n%5==0)printf ("\n");
        }
    printf("\n");
    return 0;
}
```

程序的运行结果：

3	6	9	12	15
6	12	18	24	30
9	18	27	36	45
12	24	36	48	60

说明：

①题目的关键在于观察和分析所给矩阵的特点，将规律性的变化通过双重循环的算法来实现。②在算法实现中，要注意细节问题的解决。如数字后面的空格的输出；每行结尾处的'\n'的输出。

例 4-13 给出一元人民币兑换成角币的可行方案。将一元人民币兑换为一角、两角或者五角，有多少种兑换方案，分别是什么？

一元人民币可以兑换为 10 个一角、5 个两角、2 个五角等多种方案。题目要求把所有可能的兑换方案都罗列出来，并且统计可能的兑换方案总数。这里可以考虑用三重循环来解决问题。

程序算法代码：

```
# include<stdio.h>
int main()
{
    int i,j,k;
    int t=0;                     /*变量 t 计数兑换方案的个数,初值为 0*/
    for (i=0;i<=10;i++)          /*变量 i 表示一角可能出现的数量:[0,10]*/
        for (j=0;j<=5;j++)       /*变量 j 表示二角可能出现的数量:[0,5]*/
            for(k=0;k<=2;k++)    /*变量 k 表示五角可能出现的数量:[0,2]*/
            {
                if(1*i+2*j+5*k==10)
                {
                    printf("一元人民币可以兑换为%d个一角,%d个二角,%d个五
                    角。\n",i,j,k);
                    t++;
                }
            }
    printf("兑换一元人民币的方案,总共有%d种。\n",t);
    return 0;
}
```

程序的运行结果：

> 一元人民币可以兑换为 0 个一角,0 个二角,2 个五角。
> 一元人民币可以兑换为 0 个一角,5 个二角,0 个五角。
> 一元人民币可以兑换为 1 个一角,2 个二角,1 个五角。
> 一元人民币可以兑换为 2 个一角,4 个二角,0 个五角。
> 一元人民币可以兑换为 3 个一角,1 个二角,1 个五角。
> 一元人民币可以兑换为 4 个一角,3 个二角,0 个五角。
> 一元人民币可以兑换为 5 个一角,0 个二角,1 个五角。
> 一元人民币可以兑换为 6 个一角,2 个二角,0 个五角。
> 一元人民币可以兑换为 8 个一角,1 个二角,0 个五角。
> 一元人民币可以兑换为 10 个一角,0 个二角,0 个五角。

兑换一元人民币的方案,总共有 10 种。

说明：在解决实际问题的过程中,可以根据需要考虑应用多重循环的算法。

4.6 循环结构程序设计综合案例

例 4-14 求 π 的近似值。已知 $\pi/4 \approx 1-1/3+1/5-1/7+\cdots$,直到某一项的绝对值小于 10^{-7} 为止(不包括该项)。

①在递推法求解圆周率 π 的过程中,π/4 的值是由多项式的值得来的。观察这个多项式,从理论上说包含无穷项,并且包含的项数越多,得到的 π 值就相对越精确。但是在实际应用中,不能实现无穷项相加,可以通过找到一个认可点来实现问题的求解。在这里,认可点就是多项式中的某一项的绝对值小于 10^{-7} 即可。②仔细观察多项式可以发现一些规律：多项式的项的分子都是1；多项式的第 1 项的符号为正,第 2 项的符号为负,…,即正负规律的间隔出现；多项式的项的分母构成 1,3,5,7,…的等差数列,公差为 2。③依据例 4-1 的拓展,可以很容易理解这个题目抽象出来的数学模型就是累加和。算法的关键就在于循环条件的确定,循环体(加数的更新、和的更新)等的确定。

程序算法代码：

```c
# include<stdio.h>
# include<math.h>
int main()
{
    int sign=1;                    /* sign 表示加数的符号 */
    double sum=0,deno=1,term=1;    /* sum 表示和,deno 表示加数的分母,term 表示
                                      加数 */

    for(;fabs(term)>=1e-7;)
    {
        sum=sum+term;
        deno=deno+2;
```

```
        sign=－sign;
        term=sign/deno;
    }
    sum=sum*4;
    printf("The value of PI is %.9lf\n",sum);
    return 0;
}
```

程序的运行结果：

```
The value of PI is 3.141592454
```

说明：

①通过改变循环的结束条件，可以得到不同精度的 π 的值，即累加的项数相对越多，得到的 π 值就相对越精确。②fabs()是系统库函数，其功能是求一个 double 类型数据的绝对值。在调用系统库函数 fabs()前，务必要包含头文件"math.h"。③提到圆周率 π，再给大家强调一下我国南北朝时期杰出的数学家、天文学家祖冲之。他给出圆周率 π 的两个分数形式：约率的 22/7 和密率的 355/113。圆周率 π 密率精确到小数第 7 位。后世将"这个精确推算值"的密率命名为"祖冲之圆周率"，简称"祖率"。"祖率"的提出成为数学史上的创举，对中国乃至世界是一个重大贡献。

例 4-15 打印九九乘法表。

1×1＝1
2×1＝2 2×2＝4
3×1＝3 3×2＝6 3×3＝9
4×1＝4 4×2＝8 4×3＝12 4×4＝16
5×1＝5 5×2＝10 5×3＝15 5×4＝20 5×5＝25
6×1＝6 6×2＝12 6×3＝18 6×4＝24 6×5＝30 6×6＝36
7×1＝7 7×2＝14 7×3＝21 7×4＝28 7×5＝35 7×6＝42 7×7＝49
8×1＝8 8×2＝16 8×3＝24 8×4＝32 8×5＝40 8×6＝48 8×7＝56 8×8＝64
9×1＝9 9×2＝18 9×3＝27 9×4＝36 9×5＝45 9×6＝54 9×7＝63 9×8＝72 9×9＝81

①九九乘法表是以 9 行 9 列的矩阵形式出现的，可以考虑用双重循环来实现。②共输出 9 行，每一行输出的列数等于所在行的行数。如第 6 行输出 6 列。③矩阵中的数据是有变化规律的。打印的内容为：乘数 1(数据所在行)×乘数 2(数据所在列)＝乘积。④每一行的结尾输出 1 个'\ n'。⑤可以用循环嵌套(双重循环)来处理：外循环来实现不同行数据的输出，内循环输出所在行的每一列数据。⑥定义变量：int i，用来记录所在行；int j，用来记录当前行所在的列。

程序算法代码：

```
# include<stdio.h>
int main()
{
    int i,j;
```

```
    for (i=1;i<=9;i++)                    /*矩阵共有9行*/
    {
        for(j=1;j<=i;j++)                 /*矩阵每行都有i列*
            printf("%d*%d=%d\t",i,j,i*j);
        printf ("\n");                    /*矩阵每行的结尾处输出"\n"*/
    }
    return 0;
}
```

程序的运行结果：

```
1×1=1
2×1=2 2×2=4
3×1=3 3×2=6  3×3=9
4×1=4 4×2=8  4×3=12 4×4=16
5×1=5 5×2=10 5×3=15 5×4=20 5×5=25
6×1=6 6×2=12 6×3=18 6×4=24 6×5=30 6×6=36
7×1=7 7×2=14 7×3=21 7×4=28 7×5=35 7×6=42 7×7=49
8×1=8 8×2=16 8×3=24 8×4=32 8×5=40 8×6=48 8×7=56 8×8=64
9×1=9 9×2=18 9×3=27 9×4=36 9×5=45 9×6=54 9×7=63 9×8=72 9×9=81
```

说明： 题目的关键在于观察和分析所给矩阵的特点，通过双重循环实现规律性的变化。

例 4-16 判定[2000，2080]年中的所有年份是否是闰年。

在第 3 章中，已经明确了闰年的判断方法，并且对中国历史上在闰年问题中作出的贡献有了更明确的认知。这个题目要求判断一系列的年份中，每个年份是否是闰年。很显然，适合采用循环的方法来处理问题。

程序算法代码：

```
# include<stdio. h>
int main()
{
    int year;
    for(year=2000;year<=2080;year++)
        if(year%4==0&&year%100!=0||year%400==0)
            printf("The year %d is a leap year.\n",year);
        else
            continue;
    return 0;
}
```

程序的运行结果：

```
The year 2000 is a leap year.
The year 2004 is a leap year.
The year 2008 is a leap year.
```

```
The year 2012 is a leap year.
The year 2016 is a leap year.
The year 2020 is a leap year.
The year 2024 is a leap year.
The year 2028 is a leap year.
The year 2032 is a leap year.
The year 2036 is a leap year.
The year 2040 is a leap year.
The year 2044 is a leap year.
The year 2048 is a leap year.
The year 2052 is a leap year.
The year 2056 is a leap year.
The year 2060 is a leap year.
The year 2064 is a leap year.
The year 2068 is a leap year.
The year 2072 is a leap year.
The year 2076 is a leap year.
The year 2080 is a leap year.
```

说明：for 语句的循环体中只有一条 if-else 语句，并且，else 分支在这里是可以默认的。因为 for 的循环体语句不是复合语句，无须外加大括号。continue 语句的功能是结束本次循环，转去执行 for 语句的表达式 3（即 year++），然后继续下一次的 for 循环。

例 4-17　找到[200，300]的整数区间中的全部素数并输出。

依据例 4-10，掌握了判断一个大于 3 的正整数 n 是否为素数的不同算法方案。那么，判断一系列正整数（本题是[200，300]之间的所有整数）是否为素数就变得相对简单了。在原算法的基础上，再加上外循环，构成双重循环，问题即可解决。

程序算法代码：

```
# include<stdio. h>
# include<math. h>
int main()
{
    int i,n;
    for(n=200;n<=300;n++)
    {
        for (i=2;i<=sqrt(n);i++)
            if (n%i==0)
                break;
        if (i>sqrt(n))
            printf("The integer %d is a prime.\n",n);
    }
    return 0;
}
```

程序的运行结果：

```
The integer 211 is a prime.
The integer 223 is a prime.
The integer 227 is a prime.
The integer 229 is a prime.
The integer 233 is a prime.
The integer 239 is a prime.
The integer 241 is a prime.
The integer 251 is a prime.
The integer 257 is a prime.
The integer 263 is a prime.
The integer 269 is a prime.
The integer 271 is a prime.
The integer 277 is a prime.
The integer 281 is a prime.
The integer 283 is a prime.
The integer 293 is a prime.
```

说明：

①外层 for 循环的循环体中有两条语句。第一条语句是内层 for 循环；第二条语句是 if(i>sqrt(n))的单分支。②内层 for 循环的循环体中有一条语句，即 if(n%i==0)的单分支。满足 if 的(n%i==0)条件，执行 break 语句，实现结束内层 for 循环的功能，跳转到内层 for 循环的后续语句，即 if(i>sqrt(n))语句的执行。

例 4-18 打印所有的"水仙花数"。"水仙花数"是指满足条件的 3 位正整数。条件是该 3 位数的各位数字的立方和等于这个数本身。如 $153=1^3+5^3+3^3$，则 153 是"水仙花数"。

①"水仙花数"是一个 3 位的正整数，即"水仙花数"的取值范围在[100，999]的整数区间。②依据"水仙花数"的定义：首先要将一个 3 位正整数的各个位置上的数字表示出来；其次将获得的 3 个数字的立方和与这个 3 位正整数本身进行大小的比较；如果"=="关系运算的结果为真，那么断定这个 3 位正整数为"水仙花数"。

程序算法代码：

```c
#include<stdio.h>
int main()
{
    int i,j,k;               /* i 表示百位,j 表示十位,k 表示个位 */
    int n;
    for (n=100;n<=999;n++)
      {
            i=n/100;
            j=n%100/10;
            k=n%10;
```

```
                if (i*i*i+j*j*j+k*k*k==n)
                    printf("数字%d是水仙花数\n",n);
            }
    return 0;
}
```

程序的运行结果：

数字 153 是水仙花数
数字 370 是水仙花数
数字 371 是水仙花数
数字 407 是水仙花数

说明：在这个题目中，核心和关键之一是准确求解 3 位正整数各个位置上的数字。

综上，在实践应用中可以考虑采用 C 语言提供的 for 及相关语句、while 及相关语句、do-while 及相关语句、break 语句、continue 语句等来解决需要进行重复处理的问题，实现循环结构程序设计。循环结构程序设计的关键在于循环条件的确定、循环体的确定等。大家在学习中多分析、多思考、多练习、多总结，体会程序设计的乐趣。

习　题

程序设计题

1. 输出以下图案：

```
    @
  @@@
@@@@@
@@@@
@@@
@@
@
```

2. 从键盘获得两个正整数 x 和 y，求 x 和 y 的：

(1)最大公约数；

(2)最小公倍数。

3. 假设有 10 名学生。输入这 10 名学生的 C 程序设计课程成绩，统计成绩大于等于 90 分的学生人数，并输出。说明：成绩为百分制成绩，类型为整型。

4. 输出 $\sum_{i=1}^{100} i + \sum_{i=1}^{10} i^3 + \sum_{i=1}^{10} \frac{1}{i^2}$ 的值。

第 5 章 函数

其实在前面的内容中已经多次用到函数，这一章中将详细了解函数的具体内容。什么是函数呢？在 C 语言中，函数是一个可重用的代码块，用来独立地完成某个功能，它使程序更易于理解和测试，并且可以轻松修改而无须更改调试整个程序。函数用来划分代码并模块化程序，以获得更好和有效的结果。简而言之，一个较大的程序被划分为各种子程序，这些子程序被称为函数。使用函数可以省去编写重复代码的时间。每个 C 语言程序至少有一个函数是主函数，但一个程序可以有任意数量的其他函数。在 C 语言中主函数是程序的起点，在主函数中可以调用其他函数。函数的框架如图 5-1 所示。

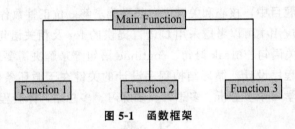

图 5-1 函数框架

5.1 函数的定义与调用

在 C 语言编程中，函数分为两种类型：库函数和用户定义函数。

C 语言中的库函数和用户定义函数的区别在于。

不需要为库函数编写代码，它已经存在于头文件中，在程序开始时包含头文件就将库函数加载进程序了，只需要键入库函数的名称，并将其与正确的语法一起使用即可。如 printf()，scanf() 等都是库函数。

用户定义函数则是另一种函数类型。在这种函数中，必须编写函数的主体，并需要函数在程序中执行某些操作时调用该函数。

C 语言中的用户定义函数始终由用户编写，但以后可以成为 C 语言库函数的一部分，这是 C 语言编程的一个优点。

C 语言中的用户定义函数的实现分为以下 4 个步骤：函数声明，函数定义，函数调用，函数返回。

5.1.1 函数声明

函数声明指的是定义函数名称、参数类型以及返回值类型等基本信息的语句，是在程序中使用函数的必要部分。函数声明类似变量声明，通常出现在函数实现之前，并且不包含函数主体代码。函数声明也被称为"函数原型"声明。

函数声明通常都在 main() 函数之前，调用的一般形式为：

```
dataType functionName (dataType1 param1,dataTpye2 param2);
```

其中，dataType 返回值类型，可以是 C 语言中的任意数据类型，如 int、float、char 等。在需要返回值的函数中，要用到 return 语句来返回数据，返回的数据类型必须与返回值类型一致；functionName，函数名，是标识符的一种，命名规则和标识符相同。在程序中要用到该函数时，都是通过函数名来调用的，所以在取函数名时尽量和该函数的功能相关，使之可以见名知其意；dataType1 param1，dataType2 param2，参数列表。它跟在函数名的后面，需要用括号括起来。一个函数可以没有参数，也可以有多个参数，多个参数之间需使用逗号分隔。参数也是一种变量，在定义参数时需要指明变量的类型和名称。需要注意的是，一个函数就算没有参数，也需要在后面加上括号。

和所有变量声明一样，在函数声明的后面需要加上分号，很多同学在编程时容易忘记加上分号，从而导致程序不能正确运行。这里声明一个 max() 函数，它的作用是比较两个数的大小并返回较大的那个数：

```
int max(int a,int b);
```

从上面的声明中可以看出，max() 函数的返回值类型为 int，含有两个 int 型参数 a 和 b。这是一个正确的函数声明格式，读者可以试着声明一个 min() 函数用来返回两个数中的较小数，看看是否可以正确声明。

5.1.2　函数定义

函数定义指的是编写函数的主体，编写实现该函数功能的代码。函数定义比函数声明多了一个函数体，少一个分号。函数定义的一般形式如下：

```
dataType functionName(dataType1 param1,dataType2 param2)
{
    //body
}
```

其中，Body，函数体，它是函数需要执行的代码，是函数的主体部分，需要用花括号括起来。这里需要注意的是，即使只有一个语句，函数体也不能省略花括号；其他部分与函数声明并无区别，不过函数定义不用在最后加上分号。

前面已经声明了 max() 函数，这里完成 max() 函数的函数定义：

```
int max(int a,int b)
{
    if(a>b)
        return a;
    else
        return b;
}
```

在这个函数定义中，可以看到它的返回值类型是 int，函数名为 max，并且含有两个参数，分别是 a 和 b，都为 int 型。函数体是一个判断语句，比较 a 和 b 的大小，返回较大的那个数。该函数需要用到返回值，所以用 return 语句来返回一个数据。这里的 a 和 b 都是 int 型，与函数返回值类型一致，可以正确返回。之后还会详细介绍函数的返回。这样就正确定义了一个函数。请读者根据之前已经声明的 max() 函数，完成 min 函数的函数定义。

需要注意的是，C语言不允许函数嵌套定义。也就是说，不能在一个函数中定义另外一个函数，必须在所有函数之外定义另一个函数。main() 函数也是一个函数定义，也不能在 main() 函数内部定义新函数。如果需要将 max() 函数和 min() 函数在同一个程序中使用，程序代码如下：

```c
# include<stdio.h>
int max (int a,int b)
{
    if(a>b)
        return a;
    else
        return b;
}
int min(inta,int b)
{
    if(a<b)
        return a;
    else
        return b;
}
int main()
{
    inti=3,j=5;
    printf("max:%d,min:%d \n",max(i,j),min(i,j));
    return 0;
}
```

5.1.3　函数调用

函数是为了使程序更加的简单明了，避免重复代码而产生的。那么在函数被定义封装好后，怎么使用函数呢？在程序中使用所需要的函数就叫作函数调用。每次函数调用时，它都会根据参数来执行它所对应的操作。函数调用时，只需要写上函数名与函数的参数即可，不需像函数声明那样在前面加上数据类型的声明。以 max() 函数为例，调用它的方式如下：

```c
max(1,3);
```

在调用有返回值的函数时，一般是需要使用它的返回值的，所以可以将其赋值给相同类型的变量。

例如：

```
a=max(1,3);
```

这里假设变量 *a* 已经被声明为 int 型变量，那么经过赋值，此时 *a* 的值就变成了数值 3。

在后面的学习中还会讲解在调用函数时参数的输入方法，同学们可以先试着猜想。

注意：如果函数的定义出现在函数调用之前，就可以不使用函数声明语句。如果函数的定义出现在函数调用之后，则必须在函数调用之前给出函数声明语句。

5.1.4 函数返回

不管是函数定义还是函数声明，函数名前面都需要加上类型。这是因为有时需要把函数运行得到的结果放在整个程序中使用，解决的办法就是返回值。有值就需要有类型，在函数的定义和声明前都需要加上返回值类型。

函数可以分为没有返回值和有返回值两种。

(1)没有返回值的函数。

在之后的学习中会遇到许多函数，它们主要是用来实现某些功能的，并不需要返回数据。这种情况下就可以把函数定义为没有返回值的空类型函数，用 void 表示。例如：

```
void func()
{
    printf("Hello\n");
}
```

一旦函数的返回值类型被定义为 void，就不能再接受返回值了。为了使程序有良好的可读性并减少出错，凡不要求返回值的函数都应该定义为 void 类型。

(2)有返回值的函数。

函数的返回值是指函数调用之后，执行函数体中的代码所得到的结果，这个结果需要使用 return 语句返回，可以直接赋值给同类型的变量。之前介绍过，C 语言的任意数据类型都可以用来声明函数的返回值类型。只需要注意用 return 返回的数据要与返回值类型相容。return 语句的一般形式如下：

```
return (表达式)
```

其中括号不是必需的，一般为了简明可以选择省略，写成如下形式：

```
return 表达式
```

在前面的 max()函数中已经使用了 return 语句，用来返回需要的值。

return 语句可以有多个，可以出现在函数体的任意位置。但需要注意的是，每次函数调用时，只能有一个 return 语句被执行，只能有一个返回值。这与 return 语句的另一个作用有关。return 语句有强制结束函数执行的作用，函数一旦遇到 return 语句就立即返回。执行 return 语句后，后面的所有语句都不会执行了，而且 return 语句也是唯一提前结束函数的办法。return 语句后可以跟一个数据，用来作为函数的运算结果返回；也可以不跟任何数据，什么也不返回仅仅用来结束函数，在返回值为 void 类型的函数中会经常用到。

5.2　函数的参数

前面讲到函数调用时引入了参数，那么怎么理解参数呢？其实参数很好理解。如果说函数相当于一台搅拌机，那么参数就是加入搅拌机里的材料，返回值就相当于搅拌混合后的产品。在搅拌机中加入不同的材料就会得到不同的产品。在一定程度上，函数的作用就是根据不同的参数产生所需要的返回值。

5.2.1　形参和实参的概念

在 C 语言里，函数的参数一般会出现在函数定义、函数声明和函数调用 3 个地方，在不同地方出现的参数是有区别的。参数有形参和实参两种。

形参(形式参数)：在函数定义与函数声明中出现的参数称为形参，它的作用是占位，没有实际的数据，是函数调用时用来接收数据的，是为了在定义函数时，方便实现函数功能所创建的。

实参(实际参数)：函数调用时输入函数里的实实在在的数据，会进入函数，被代码使用产生所需要的返回值。

在前面定义 max() 函数时创建的 a 和 b 就是形参，并没有实际的值。在函数调用时，输入了 1 和 3，这里的 1 和 3 就是实参，将会被传递给形参进行运算。当然实参也可以是被赋值了的变量，在 5.1.2 节的代码中 i 和 j 都被分别赋值为 3 和 5，所以在后续调用 max() 函数和 min() 函数时，可以直接将 i、j 当作实参。

形参和实参的区别与联系：

(1)形参变量只有在函数调用时才会分配内存，调用结束后，立刻释放内存，所以形参变量只有在函数内部有效，不能在函数外部使用。

(2)实参可以是常量、变量、表达式、函数等，无论实参是何种类型的数据，在进行函数调用时，它们都必须有确定的值，以便把这些值传送给形参，所以应该提前用赋值、输入等办法使实参获得确定值。

(3)实参和形参在数量上、类型上、顺序上必须严格一致，否则会发生"类型不匹配"的错误。当然，如果能够进行自动类型转换，或者进行了强制类型转换，那么实参类型也可以不同于形参类型。

(4)函数调用中发生的数据传递是单向的，只能把实参的值传递给形参，而不能把形参的值反向地传递给实参；换句话说，一旦完成数据的传递，实参和形参就再也没有瓜葛了。所以，在函数调用过程中，形参的值发生改变并不会影响实参。

(5)形参和实参可以同名，但它们之间是相互独立的，互不影响，因为实参在函数外部有效，而形参在函数内部有效。

5.2.2 按值传递与按址传递

函数调用时，数据是由实参传递给形参的。传递的方法分为两种，分别是**按值传递**与**按址传递**。这里先介绍按值传递，按址传递需要学习更多 C 语言知识后才能理解。读者可以先根据按值传递的效果大胆猜测两者的区别与作用。下面用例 5-1 来介绍按值传递。

例 5-1 按值传递函数 swap()用于交换两个整型变量的值，并分别在 main()函数和 swap()函数中打印输出交换前后的值。

```
# include<stdio.h>
void swap (int a,int b)
{
    int temp;
    printf("我是 swap()函数,交换前的 a=%d,b=%d\n",a,b);
    temp=a;
    a=b;
    b=temp;
    printf("我是 swap()函数,交换后的 a=%d,b=%d\n",a,b);
}
int main()
{
    int a=3,b=5;
    swap(a,b);
    printf("我是 main 函数,调用 swap 函数后的 a=%d,b=%d\n",a,b);
    return 0;
}
```

程序的运行结果：

```
我是 swap 函数,交换前的 a=3,b=5
我是 swap 函数,交换后的 a=5,b=3
我是 main 函数,调用 swap 函数后的 a=3,b=5
```

说明：整型变量 a 和 b 在 swap()函数中完成了值的交换，但是交换后的结果并没有返回主函数中，这就是函数的值传递机制。怎样将交换后的结果返回主函数呢，在后面的章节中学习了指针，了解了按址传递后就能够实现。

5.3 使用函数编写程序

在 5.1 节中，已经了解了函数的四大相关步骤：函数声明、函数定义、函数调用、函数返回，就可以上机操作自己动手编程来实现以下例题了。在练习完以下例题后，读者还可以试着编写更复杂的函数，加深对函数的理解。

例 5-2 完成 area()函数的编写，area()函数用于求圆面积并作为返回值返回(形参为半径）。

```
# include<stdio.h>
double area(double radius)
{
    return (3.14 * radius * radius);
}
int main()
{
    double r=5.0;
    printf("半径为 5 的圆面积为%f\n",area(r));
    return 0;
}
```

程序的运行结果：

半径为 5 的圆面积为 78.500000

说明：在调用 area()函数时，程序将值为 5.0 的实参 *r* 传递给形参 radius，area()函数负责计算出相应的面积并作为返回值返回，main()函数将这个返回值直接进行了打印输出。

例 5-3 完成 add()函数的编写，add()函数用于求两个整数的和并作为返回值返回。

```
# include<stdio.h>
int add(int a,int b)
{
    return a+b;
}
int main()
{
    int a=3,b=5;
    printf("a 和 b 的和为%d\n",add(a,b));
    return 0;
}
```

程序的运行结果：

a 和 b 的和为 8

说明：在调用 add()函数时，程序将值为 3 的实参 *a* 和值为 5 的实参 *b* 分别传递给形参 *a* 和 *b*，add()函数负责计算出两者之和并作为返回值返回，main()函数将这个返回值直接进行了打印输出。

例 5-4 完成 sum_odd()函数的编写，sum_odd()函数用于求两个整数之间所有奇数之和并作为返回值返回。

```
int sum_odd(int a,int b)
{
    int i,sum=0;
    for(i=a+1;i<b;i++)
    {
        if(i%2!=0)
            sum=sum+i;
    }
    return sum;
}
int main()
{
    int a=1,b=10;
    printf("%d 和%d 之间的奇数和为%d\n",a,b,sum_odd(a,b));
    return 0;
}
```

程序的运行结果：

1 和 10 之间的奇数和为 24

说明： 在调用 sum_odd() 函数时，程序将值为 1 的实参 a 和值为 10 的实参 b 分别传递给形参 a 和 b，sum_odd() 函数负责计算出两者之间的奇数和并作为返回值返回，main() 函数将这个返回值直接进行了打印输出。

该例题中需要注意两个地方：sum_odd() 函数用来求两个整数之间的所有奇数和，在该函数中用 i 这个变量来遍历 a 和 b 之间的所有奇数，因此 i 应该从 $a+1$ 开始遍历，$b-1$ 遍历完就结束。除此之外，用 sum 变量来统计值，可以把它理解为一个容器，只要 i 遍历的值为奇数就应该加到 sum 这个容器里面，而需要注意的点是 sum 应该初始化为 0，即一开始和的初始值为 0。如果不初始化为 0，那么 sum 的初始值就有可能是脏数据，从而导致得不到正确的结果。

习　题

程序设计题

1. 编写 isPrime() 函数，isPrime() 函数用来检查一个正整数 n 是否为质数。

2. 编写 min() 函数，min() 函数用来求 3 个整数中的最小值。

3. 编写 change() 函数，change() 函数用来将一个小写字母转换成大写字母。

4. 编写 cube() 函数，cube() 函数用来求整数 n 的三次方。

第6章　数据类型与表达式

本章主要介绍 3 种基本数据类型(整型、浮点型和字符型)以及 8 类运算符(算术运算符、关系运算符、逻辑运算符、赋值运算符、自增/自减运算符、条件运算符、逗号运算符和位运算符),使读者了解数据在内存中的存储形式、常量和变量的表达方法、运算符的功能以及表达式的值。

6.1　数据的存储和基本数据类型

现代计算机是一种"存储程序式"工作原理的机器,程序中处理的数据必须以某种形式存储到计算机的内存储器中,数据的组织形式决定了程序采用的算法以及对数据的计算方式。早期程序设计中,数据采用二进制数表示,没有数据类型的概念。在 C 语言这种高级语言中,数据被详细划分为多种不同的类型,如图 6-1 所示。在 C 语言中,任意一个数据都有类型。之所以把数据划分为不同的类型,主要是为了更有效地使用数据,不同类型的数据占用的内存空间大小不同、数据的取值范围不同、可参与的运算种类不同。

例如,用符号 n 表示人的年龄。根据常识,n 应该取整数(整型),而且 n 的取值大于 0 小于 200(目前人类的年龄不超过 200 岁)。那么,n 的数据类型可以(但不必须)定义为"无符号短整型"。当然,n 定义为"有符号基本整型"也是可以的,只是这么做会浪费一部分内存空间。因为短整型数据占用 2 个字节的内存空间,而基本整型占用 4 个字节的内存空间。整型数据类型的详细内容请参考 6.1.1 节。再比如,用 m 表示中国人口总数,截至 2022 年 6 月,中国人口总数为 1447301400 人。那么,m 的数据类型再定义为"无符号短整型"就不正确了,因为"无符号短整型"的最大取值为 65535。这时 m 可定义为"无符号基本整型",它的最大取值可以达到 4294967295。

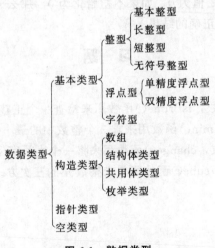

图 6-1　数据类型

6.1.1　整型

整型是用于表示整数的数据类型。如学生的年龄、学生的人数等通常都用整数来表示。根据整数的取值范围以及整数占用内存空间大小的不同，整型又可详细划分为短整型、基本整型(简称整型)、长整型等。整数又可划分为有符号整数和无符号整数两大类。表示整型数据类型的关键字有 signed、unsigned、short、long、int 等。其中，signed 表示有符号整型，unsigned 表示无符号整型。默认的整型数据都是有符号整型，所以 signed 修饰整型数据时可以省略。整型数据类型的详细分类如下：

signed short int，等价于 short int，可简写 short，有符号短整型；

signed long int，等价于 long int，可简写 long，有符号长整型；

signed int，等价于 int，有符号一般整型；

unsigned short int，可简写 unsigned short，无符号短整型；

unsigned long int，可简写 unsigned long，无符号长整型；

unsigned int，无符号一般整型。

整型数据在计算机的内存中用二进制形式存储，在存储时涉及两个问题：一是用几个字节存储；二是正负号如何表示。

关于第一个问题，C 语言标准未对整型数据占用的内存空间的大小做硬性规定，但规定存储 int 类型数据所用的字节数不小于 short int 类型数据所用的字节数；存储 long int 类型数据所用的字节数不小于 int 类型数据所用的字节数。通常，分别使用 2 个字节、4 个字节、4 个字节存储 short int、int 和 long int 类型的数据。

关于第二个问题，对于有符号整数用最高位表示它的符号：用 0 表示正、1 表示负。对于无符号整数，所有的二进制数位均表示数据。

例如，假设 short int 类型数据占用 2 个字节的存储空间，即用 16 位二进制数表示。以 3 和 −3 为例，在内存中的存储形式分别如图 6-2 和 6-3 所示。

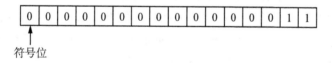

符号位

图 6-2　3 在内存中的存储形式

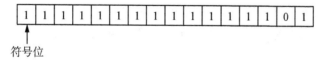

符号位

图 6-3　−3 在内存中的存储形式

如果把图 6-3 表示的内存中的数据看作无符号整数，则它表示整数 65533。即最高位不再表示符号，所有二进制位均表示数据，把这组二进制数转换为十进制整数就是 65533。

那么，3 和 −3 是如何表示为图 6-2 和图 6-3 的存储形式的呢？

在计算机的内存中，整数都是以二进制补码的形式表示和存储的。一个整数在计算机中的二进制存储形式，称为这个数的机器数。机器数有原码、反码、补码 3 种表现形式。

(1) 原码。

带符号的机器数对应的真正数值称为机器数的真值。原码是符号位加上真值的绝对值。例如，3 的原码是 0000 0000 0000 0011，−3 的原码是 1000 0000 0000 0011。

(2) 反码。

正数的反码就是其原码；负数的反码是在其原码的基础上，保持符号位不变，其余各位取反，0 变 1、1 变 0。例如，3 的反码是 0000 0000 0000 00011，−3 的反码是 1111 1111 1111 1100。

(3) 补码。

正数的补码就是其原码；负数的补码是在其反码的基础上末位加 1。例如，3 的补码是 0000 0000 0000 0011，−3 的补码是 1111 1111 1111 1101。由此可以看出，图 6-2 和图 6-3 存储的分别就是 3 和−3 的补码。

6.1.2 浮点型

浮点型也称为实型，用于表示带有小数点的数。在表示带有小数点的数时，小数点的位置是可以浮动的，所以带小数点的数又被称为浮点数。例如，圆周率 3.14159。根据浮点型数据在内存中存储时占用的内存空间大小的不同，浮点型数据又划分为单精度浮点和双精度浮点两种类型，分别用关键字 float 和 double 表示。由于浮点型数据在内存中的存储形式非常复杂，相关内容本书不做介绍。

通常，单精度浮点型数据在内存中存储时占用 4 个字节的存储空间，而双精度浮点型数据在内存中存储时占用 8 个字节的存储空间。所以，单精度浮点数据类型的取值范围比双精度浮点数据类型的取值范围小。而且，单精度浮点数据类型表示数据的精确度比双精度浮点数据类型表示数据的精确度要低。通常，单精度浮点类型数据仅有 6～7 位有效数位，而双精度浮点类型数据的有效数位可达到 15～16 位。例如，从数学的角度来看，1234567890.123＋5 的结果肯定是 1234567895.123。但是，如果 1234567890.123 和运算结果都用单精度浮点数据类型表示，那么计算的结果就是不精确的，其结果可能是 1234567936.000。相关结果如例 6-1 所示。

例 6-1 分别用单精度数据类型和双精度数据类型计算 1234567890.123＋5 的结果。

```
# include<stdio.h>
int main()
{
    float a,b;
    a=1234567890.123;
    b=a+5;
    printf("单精度数据类型计算的结果是:%f\n",b);
```

```
    double m,n;
    m=1234567890.123;
    n=m+5;
    printf("双精度数据类型计算的结果是:%f",n);

    return 0;
}
```

程序的运行结果:

单精度数据类型计算的结果是:1 234 567 936.000 000
双精度数据类型计算的结果是:1 234 567 895.123 000

运行结果表明,double 类型的计算结果是精确的,而 float 类型的计算结果是不精确的。因此,在解决实际问题时,需要根据数据的位数以及精确度选择合适的数据类型。通常在未有明确要求时,选择 double 类型处理浮点数。例如,计算整数 n 的阶乘,如果 n 的值比较小,n 的阶乘也不大,那么 n 的阶乘用 int 类型表示即可。但是,如果 n 的值比较大,如 n 等于 20,那么 20 的阶乘会是非常大的整数,用 int 类型就无法表示了。这时,需要使用"更大的"数据类型。

例 6-2 计算 1~20 的阶乘,分别用 int 类型和 double 类型表示结果。

```
# include<stdio.h>
int main()
{
    int n=1,i;
    for(i=1;i<=20;i++)
    {
        n=n*i;
        printf("%d!=%d\n",i,n);
    }

    printf("\n--------------------\n\n");

    double t=1;
    for(i=1;i<=20;i++)
    {
        t=t*i;
        printf("%d!=%.0f\n",i,t);
    }

    return 0;
}
```

程序的运行结果：

```
1!＝1
2!＝2
3!＝6
4!＝24
5!＝120
6!＝720
7!＝5040
8!＝40320
9!＝362880
10!＝3628800
11!＝39916800
12!＝479001600
13!＝1932053504
14!＝1278945280
15!＝2004310016
16!＝2004189184
17!＝－288522240
18!＝－898433024
19!＝109641728
20!＝－2102132736
------------------------------------
1!＝1
2!＝2
3!＝6
4!＝24
5!＝120
6!＝720
7!＝5040
8!＝40320
9!＝362880
10!＝3628800
11!＝39916800
12!＝479001600
13!＝6227020800
14!＝87178291200
15!＝1307674368000
16!＝20922789888000
17!＝355687428096000
18!＝6402373705728000
19!＝121645100408832000
20!＝2432902008176640000
```

从结果可以看出，用 int 类型表示，13 以后的阶乘结果都是错误的。因为 int 表示整数的最大值是 2147483647，而 12 的阶乘还是小于 2147483647 的，但从 13 的阶乘开始却大于 2147483647，超出了 int 类型的表示范围，所以结果是错误的。本例也只计算了 20 以内的阶乘，其结果用 double 类型可以正确表示。但是，如果 n 的值继续增大，如 $n=23$，那么 23 的阶乘用 double 类型也不能精确表示了。

6.1.3 字符型

字符型用于表示单个字符，例如，用 M 或 F 表示学生的性别。在计算机系统中，字符的表示方法有多种，比较常见的有 ASCII 码字符集和 UNICODE 字符集。本书只讨论用 ASCII 码字符集表示字符，标准 ASCII 码字符编码表见附录 1。字符型的数据类型用关键字 char 表示，有时需要用 unsigned char 表示无符号字符。一个字符型数据在内存中存储时只占用 1 个字节，字符型数据在内存中存储的是该字符对应的 ASCII 码，是一个整数值。例如，字符' A '的 ASCII 码是 65，则字符' A '在内存中的存储形式如图 6-4 所示。

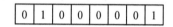

图 6-4 字符' A '在内存中的存储形式

6.1.4 sizeof 运算符

不同数据类型占用的内存空间大小不同，进而导致数据的取值范围也不同。在不同系统下，某种数据类型占用的内存空间大小可能不同，依赖于具体的系统实现。所以，当需要使用某种数据类型占用的内存空间大小时，应该用 sizeof 运算符计算其大小。

sizeof 是 C 语言提供的一个运算符，不是函数，基本用法如下：

(1)计算某种数据类型占用的内存空间大小

sizeof(数据类型标识符)

(2)计算变量占用的内存空间大小

sizeof(变量名)或 sizeof 变量名

sizeof 运算符以字节为单位给出其操作数占用的内存空间大小，运算结果是无符号整数。操作数可以是数据类型标识符，如 int、float、double、char 等，数据类型标识符必须放在一对括号内。操作数也可以是简单的变量名，变量名可以放在括号内，也可以不用括号括起来。如果是复杂的表达式，由于 sizeof 运算优先级(详细内容参考 6.4 节)比较高，通常需要把表达式放在一对括号内。整型的存储空间依赖于具体的系统实现，通常 sizeof(int)结果是 4，sizeof(float)结果是 4，sizeof(double)结果是 8，sizeof(char)结果是 1。

注意：sizeof(x)等价于 sizeof x，但是 sizeof($x+2$)不能写成 sizeof $x+2$，因为 sizeof 的优先级高于加法。

当需要使用某种数据类型占用存储空间时，为了提高程序的通用性、跨平台性，必须使用 sizeof 运算符计算该数据类型的存储空间大小。例如，使用 malloc()函数申请内存空间、计算数组元素的个数时通常使用 sizeof 运算符。

6.2 常量和变量

在程序设计中，有些数据始终不会发生变化，如圆周率；还有些数据随时可能发生变化，如任意给定一个半径的圆面积。一般把始终不变化的数据称为常量，可能发生变化的数据称为变量。本节介绍常量的表示，以及变量的声明与定义。

6.2.1 常量

常量，也称为常数，是指在程序运行过程中保持不变的数据。在 C 语言中，常量分为两大类：直接常量和符号常量。按照数据类型的不同，直接常量又分为整型常量、浮点型常量、字符型常量、字符串常量等。

1. 整型常量

为了便于表示和使用，整型常量又可表示为十进制整数、八进制整数和十六进制整数 3 种形式。

十进制整数：由正、负号，数字 0～9 组成，如 123、−128、0、+45 等都是合法的十进制整数。

八进制整数：用数字 0 作为前缀，后跟 0～7 中的数码组成的数字序列。如 021、−045 等都是合法的八进制整数。而 019 因为出现了数码 9，所以是非法的八进制整数。

十六进制整数：由 0x(或 0X)作为前缀，后跟 0～9、A～F(或 a～f)中的数码组成的数字序列。如 0x101、−0x2a、0XA3D 等都是合法的十六进制整数。

编译器从整型常量的表示形式上区分它们的类型：

在 int 取值范围内，未做任何修饰的整数是 int 类型整数，如 256 是 int 类型整型常量；

在 long int 取值范围内，用字母 L(或小写字母 l)修饰的整数是 long int 类型，如 256L 是 long int 类型整型常量；

用字母 U(或小写字母 u)修饰的整数是无符号整型常量，如 30u、256U 都是无符号整型常量。无符号长整型常量用 LU，Lu，lU，lu 来修饰，如 30lu。

2. 浮点型常量

浮点型常量只采用十进制形式表示，有两种形式：十进制小数形式和指数形式。

十进制小数形式：由正、负号，0～9 这 10 个数码，小数点(注：必须含有小数点)组成。如 0.123、−12.0、3.14、.123、−12. 等都是合法的十进制小数。

指数形式：又称为科学计数法，由正、负号，0～9 这 10 个数码，小数点，字母 E(或小写字母 e)组成，其中 e 表示以 10 为底的指数。如 12.3e4(代表 12.3×10^4)、1e−5(代表 1×10^{-5})。其要求为字母 e 前必须有数字，字母 e 后必须是整数。如 e4、12e2.5 都是不合法的浮点型常量。

浮点型常量默认按双精度浮点(double)类型处理，但是如果在浮点型常量后跟字母 F(或小写字母 f)，该常量表示单精度浮点数。如 1.2f、1.2e−2f 等都是单精度浮点型常量。

3. 字符型常量

字符型常量是由一对单引号括起来的单个普通字符或者转义字符。

普通字符：用一对单引号括起来的单个字符，如'A''a''3''#'等。字符型常量在内存中存储为该字符对应的 ASCII 值。如字符'A''a''3'的 ASCII 值分别是 65、97、51，所以，'A''a''3'这 3 个字符在内存中存储的整数分别是 65、97、51。

转义字符：有些控制字符无法用一般的字符形式表示，如回车、换行等。因此，C语言中引入了另外一种特殊形式的字符型常量，即转义字符。转义字符是用单引号括起来并以"\"开头的字符序列，如'\n''\t'等。常用的转义字符如表 6-1 所示。

表 6-1　常用的转义字符

转义字符	含　义	转义字符	含　义
'\a'	响铃警告(alert)	'\\'	反斜线(\)
'\b'	退格(backspace)	'\''	单引号(')
'\f'	换页(form feed)	'\"'	双引号(")
'\n'	换行(new line)	'\?'	问号(?)
'\r'	回车(carriage return)	'\ddd'	1~3 位八进制 ASCII 值代表的字符
'\t'	水平制表(horizontal tabulation)	'\xhh'	1~2 位十六进制 ASCII 值代表的字符
'\v'	垂直制表(vertical tabulation)		

注意：'\ddd'中的 d 是八进制数字，最多有 3 位。如'\101'，表示 ASCII 值是八进制 101，即十进制值为 65 的字符，也就是'A'。'\ddd'的数字最大值是'\377'，八进制的 377 对应于十进制数的 255。因为 char 类型占用 1 个字节的内存空间，能够表示的最大整数是 255。标准 ASCII 码的取值范围是 0~127，仅有 128 个标准 ASCII 字符。'\xhh'中的 h 是十六进制数字，最多有 2 位。如'\x41'，表示 ASCII 值是十六进制 41，即十进制值为 65 的字符，也是'A'。所以，'A''\101'和'\x41'是等价的字符'A'的 3 种不同表示方法。

4. 字符串常量

字符串常量是用一对双引号括起来的一个或多个字符序列，如"hello" "123" "#"等都是字符串常量。要注意区分字符型常量和字符串常量，如"#"要区别于'#'。字符串的长度等于字符串中包含字符的个数，如"hello"的长度是 5。为了便于处理，存储字符串时，系统自动在字符串的末尾添加 ASCII 值为 0 的空字符'\0'作为字符串的结束标志。所以，"hello"在内存中存储时占用 6 个字节，分别存储 hello 的每个字符，并在末尾添加'\0'。

5. 宏常量

宏常量，也称为符号常量，是指用一个标识符代表的常量。宏常量在使用前必须先定义，其语法格式为：

```
# define 标识符 常量
```

如：

＃define PI 3.14

表示定义了宏常量 PI，其值是 3.14。定义宏常量 PI 后，在程序中用到的 PI 在编译前进行预处理，使用 3.14 替换 PI。

例 6-3 计算圆的面积和周长。

```
# include<stdio.h>
# define PI 3.14
int main()
{
    double r,s,c;
    r=3;
    s=PI*r*r;
    c=2*PI*r;
    printf("area:%.2f\ncircumference:%.2f",s,c);

    return 0;
}
```

程序的运行结果：

```
area:28.26
circumference:18.84
```

使用宏常量的优点有：

(1)程序的可读性强。用 PI 表示圆的周长比使用直接常量 3.14 更容易识记与理解，3.14 仅仅是一个数字，说它是圆周率非常勉强。例如，圆的半径也刚好是 3.14 时就容易出现混淆。

(2)程序容易维护。假设程序中使用了 10 处 3.14 这个直接常量，都表示圆周率。为了提高数据的运算精度，需要把圆周率的值由 3.14 改为 3.14159。试想一下，要将 10 处 3.14 改为 3.14159 不仅费时，而且容易出错。特别是，如果这 10 处还有几处不是表示圆周率的 3.14，不能都修改，那就更容易出错。而如果使用宏常量 PI 表示圆周率，仅需要做一次简单修改，即把＃define PI 3.14 改为＃define PI 3.14159。

6.2.2 变量

变量是指在程序运行过程中随时可能发生变化的量。如例 6-3 中表示圆的半径、面积和周长的量，它们都是可变化的，这些数据都用变量表示。

在 C 语言中，变量必遵循"先定义，后使用"的原则。而且，变量定义之后、使用之前必须为其赋值。

1. 变量的定义

变量的定义形式如下：

类型标识符 变量名 1[,变量名 2,…]；

例如：

```
int i;//定义整型变量 i
short int age;//定义短整型变量 age,等价于 short age;
double a,b;//定义双精度浮点型变量 a 和 b
char sex;//定义字符型变量 sex
```

类型标识符是表示数据类型的关键字，变量名是任意合法的标识符。标识符就是为变量、函数等起的名字，标识符命名时必须满足以下语法规则：

(1)标识符仅由数字、字母和下划线组成；

(2)标识符的第一个字符不能是数字；

(3)不能把关键字用作标识符；

(4)标识符区分大小写。

例如，标识符 a、average、maxInt、a2、int_min 等都是合法的标识符，sum 和 Sum 是不同的两个标识符。max#、2a、for 等都是不合法的标识符，分别违反了(1)(2)(3)条规则。另外，在定义标识符时，尽量做到"见名知意"，以提高程序的可读性。如用 age 表示学生的年龄、avg 表示平均值等。

2. 变量初始化

变量在使用之前必须赋值。虽然未赋初值的变量是可以使用的，但是该变量的值没有任何意义，是未被定义的值。因为，仅定义未赋初值的变量的值是随机值(静态变量和全局变量除外)。

因此，建议在定义变量的同时对变量进行初始化，其格式如下：

```
类型标识符 变量名 1=常量 1[,变量名 2=常量 2,…];
```

如：

```
int i=1;
double sum=0,avg=0;
char sex='M';
```

也可以通过赋值的方法改变变量的值。如：

```
int i;//只定义变量 i,未赋初值
i=1;//为变量 i 赋值为 1
```

变量定义并赋值之后就可以使用了。例如，输出变量 avg 的值：

```
printf("avg=%f\n",avg);
```

6.3 数据的输入和输出

在 C 语言中，数据的输入与输出是通过调用标准库函数来实现的，只要在程序的

开始位置加上一条编译预处理命令：

```
# include<stdio. h>
```

将对应的标准输入或输出的头文件 stdio. h 包含进来，就可直接使用输入或输出相关的库函数了。

6.3.1 字符的输入/输出

C语言为了实现字符型数据的输入和输出提供了两个库函数，分别是 getchar()和 putchar()。

1. getchar( )函数

getchar()函数的函数原型如下：

```
int getchar (void);
```

函数功能：从输入流缓冲区（默认为标准输入设备 stdin）中读取一个字符。如果读取成功，则返回读取到字符的 ASCII 值；如果到达文件末尾或发生读取错误，则返回 EOF。EOF 是预定义的宏常量，其值是 −1。

例如，执行以下语句：

```
char ch=getchar();
```

如果输入字符' A '并按回车键，则变量 ch 的值是整数 65（字符' A '的 ASCII 值是 65），对应的字符是' A '。

2. putchar( )函数

putchar()函数的函数原型如下：

```
int putchar (int ch);
```

函数功能：把参数 ch 指定的字符插入输出流（默认为标准输出设备 stdout）中。如果输出成功，则返回输出的参数 ch 的值；如果输出不成功，则返回 EOF。

例如，执行以下语句：

```
putchar('A');          //或者 putchar(65);
在屏幕上输出字符 A。
putchar('\n');         //输出换行符
```

例 6-4 getchar()和 putchar()函数的综合应用。

```
# include<stdio. h>
int main()
{
    int c;
```

```
        printf("输入一个句子,以句号.结束:\n");
        do
{
        c=getchar();
        putchar (c);
} while (c !='.');
        return 0;
}
```

程序的运行结果:

输入一个句子,以句号"."结束:

```
How is it going? Pretty good. How about you?
How is it going? Pretty good.
```

说明：从输入流（How is it going? Pretty good. How about you?）中依次读取一个字符，赋值给变量 c，然后输出字符 c 的值，直到读取到字符'.'为止。

6.3.2　格式化输入函数

库函数 getchar() 只能从输入流中读取一个字符。C 语言提供了另一个使用更为广泛的库函数 scanf()。scanf() 函数是格式化输入函数，从标准输入设备（键盘）按指定格式输入数据。

1. scanf( )函数的一般格式

```
scanf(格式控制字符串,地址列表);
```

函数功能：从标准输入设备按格式控制字符串中指定的格式读取数据，并把数据存储到地址列表指示的内存中。与 printf() 函数类似，格式控制字符串也包含两种字符：普通字符和格式转换说明符。普通字符原样输入，格式转换说明符指定了数据输入的格式。scanf() 函数常用的格式转换说明符如表 6-2 所示。

表 6-2　scanf( )函数常用的格式转换说明符

格式转换说明符	功能
%d 或%i	输入十进制整数
%o	输入八进制整数
%x	输入十六进制整数
%c	输入一个字符，包括空白符(空格、回车、制表符等)
%s	输入字符串，以空格、回车、制表符结束
%f 或%e	输入浮点数，以小数或指数形式输入

地址列表通常使用取地址运算符 & 后跟变量的名字，取得变量在内存中存储的地址，如 &a。

scanf()函数中常用的格式修饰符包括 l、h、m。其中，l 放在 d、i、u、o、x 前，用于输入 long int 型整数，放在 f、e 前，用于输入 double 型浮点数；h 放在 d、i、u、o、x 前，用于输入 short int 型整数；m 指定输入数据的域宽，系统自动按此宽度截取所需的数据。

例 6-5　printf()函数和 scanf()函数的综合应用

```c
# include<stdio.h>
int main()
{
    short int a;
    long int b;
    int c;
    char ch;
    float f;
    double d;
    int year,month,day;

    printf("Input a short int number:");      //输入提示
    scanf("%hd",&a);
    printf("the short int number is:%hd\n",a);

    printf("Input a long int number:");
    scanf("%ld",&b);
    printf("the long int number is:%ld\n",b);

    printf("Input an int number:");
    scanf("%d",&c);
    printf("the int number is:%d\n",c);

    printf("Input an octal number:");
    scanf("%o",&c);
    printf("the octal number is:%o,"
        "decimal number is:%d,"
        "hexadecimal number is:%x\n",c,c,c);

    getchar();   //读取刚刚输入的换行符

    printf("Input a character:");
    scanf("%c",&ch);
    printf("the character is:%c\n",ch);

    printf("Input a single precision float number:");
    scanf("%f",&f);
    printf("the single precision float number is:%f\n",f);
```

```
    printf("Input a double precision float number:");
    scanf("%lf",&d);   //不能写为 scanf("%f",&d);
    printf("the double precision float number is:%f\n",d);

    printf("Input a date,for example 20220601:");
    scanf("%4d%2d%2d",&year, &month, &day);
    printf("the date is %d/%d/%d",year,month,day);

    return 0;
}
```

程序的运行结果：

```
Input a short int number:23
the short int number is:23
Input a long int number:1234
the long int number is:1234
Input an int number:321
the int number is:321
Input an octal number:173
the octal number is:173,decimal number is:123,hexadecimal number is:7b
Input a character:a
the character is:a
Input a single precision float number:3.14
the single precision float number is:3.140000
Input a double precision float number:0.25
the double precision float number is:0.250000
Input a date,for example 20220601:20220704
the date is 2022/7/4
```

2. 使用 scanf( )函数的注意事项

(1)普通字符原样输入。

在格式控制字符串中出现的普通字符必须原样输入。例如，函数 scanf()的数据输入格式要求如下：

```
scanf("a=%d,b=%d",&a, &b);
```

给变量 a 和 b 输入整数 1 和 2，唯一正确的输入为：

```
a=1,b=2↙(注:↙表示回车。下同)
```

(2)地址列表中不要漏掉 & 运算符。

scanf()函数的地址列表通常使用取地址运算符 & 获取变量的地址，并把从键盘输入的数据存储到该地址中。运算符 & 不能漏掉，否则，虽然编译不提示错误，但运行时错误。例如：

```
scanf("%d",a);
```

运行这条语句时程序出现崩溃性错误，不同编译器的行为不同。如 Dev-cpp 编译器出错后强制终止程序运行，返回非零值，如图 6-5 所示。

```
1

————————————————————————————
Process exited after 10.31 seconds with return value 3221225477
```

图 6-5　程序返回非零值

目前，有些编译器能够检查出 scanf("%d",a)中未加取地址运算符的错误，如 Microsoft Visual Studio 2022 给出如下警告：

warning C4477："scanf"：格式字符串"%d"需要类型"int *"的参数，但可变参数 1 拥有了类型"int"。

（3）格式控制串不要加\n。

在 printf()函数中，格式控制字符串中经常添加 \ n，用于输出换行符。但是，通常情况下不要在 scanf()函数中的格式控制字符串中添加 \ n。如果添加 \ n，需要多输入一组数据才能结束。例如，

```
scanf("%d\n",&a);
```

给变量输入整数 1，则正确的输入是：

```
1↙
2↙
```

读取输入的第一个整数，原本不需要再输入额外的数据，但这儿必须再次输入一个数据。

（4）用格式说明符%c 输入字符时可读取任意一个输入的字符。

当输入字符型数据时，scanf()函数的构造需要特别注意，格式说明符%c 可以读取任意一个字符，包括空白符。在例 6-5 中，语句

```
getchar();  //读取刚刚输入的换行符
```

貌似没有任何作用。事实上，这条语句的作用非常大，如果没有这条语句，程序的运行结果如图 6-6 所示。当执行到语句 scanf("%o",&c);时，输入 173↙，173 被读取到程序中，最后的回车符↙没有被读取，仍然留在输入流中。然后执行语句 scanf("%c",&ch);时，不需要程序输入任意数据，直接读取了输入流中的回车符↙。解决的方法之一：把输入流中多余的回车符读出，如使用 getchar();语句读取多余的回车符；解决方法之二：scanf(" %c",&ch);在%c 的前面添加一个空格，使之匹配任意空白符。

```
Input a short int number: 23
the short int number is: 23
Input a long int number: 1234
the long int number is: 1234
Input an int number: 321
the int number is: 321
Input an octal number: 173
the octal number is: 173, decimal number is: 123, hexadecimal number is: 7b
Input a character: the character is:

Input a single precision float number:
```

图 6-6　没有 getchar( )函数的程序运行结果

(5)格式说明符与地址列表中参数的个数及类型要匹配。

假设变量 *a* 和 *b* 的定义为 int a，b；以下语句都是错误的：

```
scanf("%d",&a,&b);
scanf("%d %d",&a);
scanf("%f %d",&a,&b);
```

(6)读取出错时输入流状态异常。

scanf( )函数的格式说明符与读取的数据类型应该匹配，编译器并不进行参数类型匹配检查。因此，当输入数据的类型与格式说明符不匹配时，虽然编译器不提示出错，但在程序运行时会导致数据输入异常。例如，执行以下两条语句：

```
scanf("%d %d",&a,&b);
printf("a=%d,b=%d\n",a,b);
```

输入：2 a↙

输出：a=2，b=1。

显然，*b* 的输出结果不正确。事实上，*b* 并没有读取到任何数据，因为输入的 *a* 不是有效的十进制整数。

重新运行程序，再次输入数据。

输入：a↙

输出：a=0，b=1。

显然，这组输出也不正确。由于输入的 *a* 不是有效的十进制整数，变量 *a* 无法正确地读取到数据，输入流异常。这时，变量 *b* 也未能读取到有效数据。

(7)使用返回值。

scanf( )函数返回正确读取数据的个数。调用 scanf( )函数时通常会忽略函数返回值，默认正确地输入了所有数据。可以通过返回值判断数据读取是否正确，如果不正确，那么可做相应处理。

例 6-6　从键盘输入两个整数，输出其平均值。

```
# include<stdio.h>
int main()
```

```
{
    int a,b;
    printf("Input two numbers:");
    int n=scanf("%d %d",&a,&b);
    if(n!=2)//读取失败
    {
        printf("Input error!\n");
    }
    else
    {
        double avg=1.0*(a+b)/2;
        printf("The average of %d and %d is %.1f\n",a,b,avg);
    }
    return 0;
}
```

程序的运行结果:

```
Input two numbers:1 2
The average of 1 and 2 is 1.5
```

当读取到输入流的末尾,没有数据可读取时,返回 EOF。

例 6-7 从键盘输入一组整数,求这组整数的平均值。

```
# include<stdio.h>
int main()
{
    int a,sum=0,cnt=0;
    double avg;
    while(scanf("%d",&a)!=EOF)
    {
        cnt++;
        sum=sum+a;
    }
    avg=1.0*sum/cnt;
    printf("%.1f",avg);

    return 0;
}
```

程序的运行结果:

```
1
3
12
```

```
15
6
^Z
7.4
```

说明：例 6-7 中要求输入一组整数，并未告知输入多少个整数。因此，可以认为直到输入流结束就是输入结束。用`^Z 表示输入结束，输入方法是按下快捷键 Ctrl＋Z。

6.3.3　格式化输出函数

库函数 putchar()只能输出一个字符。C 语言提供了另一个使用更为广泛的库函数 printf()。printf()函数是格式化输出函数，一般用于向标准输出设备(显示器、控制台等终端设备)按指定格式输出数据。其中，printf 的最末一个字母 f 即为"格式"(format)之意。

1. printf( )函数的一般格式

```
printf(格式控制字符串);
printf(格式控制字符串,输出表列);
```

函数功能：按格式控制字符串中指定的格式把数据输出到标准输出设备。格式控制字符串包括两部分内容：普通字符和格式转换说明符。其中的普通字符原样输出，格式转换说明符以％开始、以格式字符结束，用于指定数据输出的格式。printf()函数常用的格式转换说明符如表 6-3 所示。其中，变量的定义如下：

```
int a＝123;b＝-1;c＝97;
char ch1='A';
float f＝3.14;
double d＝0.25;
```

表 6-3　printf( )函数常用的格式转换说明符

格式转换说明符	功能	示例	输出结果
％d(％i)	输出十进制有符号整数	printf("％d ％d",a,b);	123　-1
％u	以无符号输出十进制整数	printf("％u ％u",a,b);	123 4294967295
％o	以八进制输出整数	printf("％o ％o",a,b);	173 37777777777
％x	以十六进制输出整数	printf("％x ％x",a,b);	7b ffffffff
％c	输出一个字符	printf("％c ％c",c,ch1);	a A
％s	输出字符串	printf("％s","Hello world.");	Hello world.
％f	以十进制形式输出浮点数	printf("％f ％f",f,d);	3.140000 0.250000
％e	以指数形式输出浮点数	printf("％e ％e",f,d);	3.140000e＋0000 2.500000e－001

续表

格式转换说明符	功能	示例	输出结果
%p	输出内存地址编号	printf("%p",&a);	000000000062FE04
%%	输出百分号	printf("%d%%",25);	25%

说明:

(1)%d 完全等价于%i,%d 更常用。

(2)%x 可写为%X,以大写字母形式输入十六进制的 A~F。

(3)%f 可用于输出单精度浮点数据和双精度浮点数据,也可以用%lf 输出双精度浮点数据。默认输出六位小数。

(4)%e 可写为%E,输出指数形式的浮点数,以大写字母 E 表示指数部分。

(5)%p 以十六进制形式输出内存地址编号,输出结果的位数依赖于具体的机器实现,64 位机输出 16 位数字。&a 表示取得变量 a 在内存中的存储位置。

(6)格式控制字符串的普通字符原样输出,例如,语句 printf("a=%d,b=%d",a,b)的输出结果是 $a=123$, $b=-1$。

(7)输出表列可以为空。例如,语句 printf("Hello world.")的输出结果是 Hello world.

2. 格式修饰符

在格式转换说明符中插入格式修饰符,是用于指定输出数据的最小域宽、精度(小数点后显示的小数位数)、对齐方式等。printf()函数常用的格式修饰符如表 6-4 所示。其中,变量 m、n 的定义如下:

```
long int m=1231;
short int n=45;
```

表 6-4 printf()函数常用的格式修饰符

格式修饰符	功能	示例	输出结果
l	修饰 d,i,u,o,x,输出 long int 型数据 修饰 f,输出 double 型数据	printf("%ld",m); printf("%lf",d);	123 0.250000
h	修饰 d,i,u,o,x,输出 short int 型数据	printf("%hd",n);	45
m	指定输出域宽,即数据所占的列数,域内右对齐。当输出数据的宽度小于 m 时,在域内向右对齐,左边多余位补空格;当输出数据的宽度大于等于 m 时,按实际宽度输出	printf("%5d",a); printf("%2d",a);	123 123
.n	修饰 f,e 等,指定小数位数 修饰 s 时,指定从字符串左边开始截取的子串字符个数	printf("%.2f %.1e",f,d); printf("%.2s","Hello");	3.14 2.5e-001 He

续表

格式 修饰符	功能	示例	输出结果
#	修饰 o，x 时，输出八进制、十六进制的前导符；修饰 f，e 等时，强制输出小数点	printf("%#o %#x\n",a,a); printf("%#.0f\n",f);	0173 0x7b 3.
+	输出正数时，强制输出＋(正号)	printf("%+d %+.2f",a,f);	＋123＋3.14
—	修饰域宽，域内左对齐，右侧补空格	printf("%-5d",a);	123
0	放在域宽前，域宽大于数据的位数时，左侧用 0 填充	printf("%05d",a);	00123

6.4　常用运算符和表达式

C语言提供了丰富的运算符，本节仅介绍部分常用运算符。根据运算符的性质，运算符可分为算术运算符、关系运算符、逻辑运算符、赋值运算符、自增运算符、条件运算符、逗号运算符、位运算符等。

运算符有两个重要的特征：优先级和结合性。优先级是指多个运算符参与运算时，谁先运算谁后运算；结合性是指多个同级运算符参与运算时，运算符与左侧数据先结合还是与右侧数据先结合。当表达式中出现不同类型的运算符时，首先按照它们的优先级顺序进行运算，优先级高的运算符先进行运算；当表达式中存在多个优先级相同的运算符时，根据运算符的结合性确定运算顺序。运算符的结合方向有两种：一种是左结合，即从左向右运算；一种是右结合，即从右向左运算。在 C 语言中，任意合法的表达式都存在唯一的运算结果，称为表达式的值。

运算符也称为操作符，参与运算的数据称为操作数。表达式是指用运算符与操作数连接在一起的有意义的式子。根据操作数的个数，运算符分为一元运算符(也称为单目运算符)、二元运算符(也称为双目运算符)、三元运算符(也称为三目运算符)。

6.4.1　算术运算符及算术表达式

算术运算符有 6 个，分别是—、＊、/、%、＋、—，其功能及运算规则如表 6-5 所示。

表 6-5　算术运算符及含义

运算符	功能	运算规则
—	取负值	取得操作数的相反数
＊	乘法	两个数相乘

续表

运算符	功能	运算规则
/	除法	如果两个操作数都是整数，表示整除运算； 如果两个操作数中至少一个是浮点数，表示浮点除运算
%	取余，模运算	两个操作数必须是整数，a%b 计算 a 除以 b 后的余数
+	加法	两个数相加
−	减法	两个数相减

算术表达式是指用算术运算符把常量、变量、其他表达式连接在一起的有意义的式子。在算术表达式中，−(负号)运算符优先级最高；∗、/、% 运算符的优先级相同，+(加法)、−(减法)运算符的优先级相同；∗、/、% 运算符的优先级高于+(加法)、−(减法)运算符优先级。∗、/、%、+(加法)、−(减法)运算符都是二元运算符，左结合的；−(负号)运算符是一元运算符，右结合的。

判断以下表达式是否合法，计算合法的表达式的值。假设 int a＝3，b＝−4，k；double t＝4；

(1)b＝−b; //合法，b 的值重新赋值为 4，表达式的值是 4。

(2)a % 2; //合法，计算 a 除以 2 的余数，表达式的值是 1。

(3)a/2; //合法，整除运算，结果是 1。

(4)t/2; //合法，浮点除法，结果是 2.0。

(5)t%2; //非法，取余运算的操作数必须是整数，而 t 是 double 型。

(6)t＋a∗b; //合法，先计算 a∗b，得到−12，然后与 t 相加，表达式的值是−8.0。

(7)a＋'a' //合法，字符'a'转换成整数 97，与 a 相加，结果是 100。

当表达式中有多种类型的数据参与运算时，"窄"数据类型向"宽"数据类型转换，表达式的值的类型取决于最"宽"的数据类型。例如，第(6)个表达式中 a 和 b 都是 int 类型，a∗b 的结果也是 int 类型，与 double 类型相加，double 类型比 int 类型"宽"，所以 a∗b 的结果自动转换为 double 类型与 t 求和，最后的结果是 double 类型。又如，第(7)个表达式中，'a'是 char 类型，变量 a 是 int 类型，自动把'a'的值转换为 int 类型的 97，与 a 求和后的结果是 int 类型的 100。

常用的数据类型从"窄"到"宽"排列如下：

char、short int、int、long int、float、double。

6.4.2 关系运算符及关系表达式

关系运算符用于比较两个数据之间的大小关系，一共有 6 种不同的关系运算符，分别是＞、＞＝、＜、＜＝、＝＝、！＝，其含义分别是大于、大于等于、小于、小于等于、等于和不等于。前 4 种运算符的优先级相同，后两种运算符的优先级相同，前 4 种运算的优先级高于后两种运算符的优先级。关系运算符都是左结合的，都是二元运算符。

由关系运算符和相应操作数组成的式子称为关系表达式，关系表达式的运算结果是逻辑值。如果关系成立，则运算结果为逻辑"真"；关系不成立，则运算结果为逻辑"假"。在 C 语言中，逻辑"真"用 1 表示，逻辑"假"用 0 表示。即关系表达式的运算结果为 1 或 0。

两个数可以直接比较大小，如 4＞3 成立，结果为 1；−1＞0 不成立，结果为 0。

字符型比较大小时，用字符的 ASCII 值比较大小，如 'a'＜'b' 成立，结果为 1；'A'＞'a' 不成立，结果为 0。

两个字符串比较大小时，从第一个字符开始依次比较每个字符的 ASCII 值，如果当前字符相同，再比较下一个字符，直到比较出大小或者某个字符串比较完为止。需要注意的是，用关系运算符直接比较两个字符串常量的大小没有意义，如 "Hello"＞"Hi" 没有意义，这个表达式比较的是 "Hello" 和 "Hi" 在内存中存储的地址。如果需要比较两个字符串的大小，要调用字符串比较函数 strcmp()。

使用关系运算符时要注意：

(1)不要连续比较多个数的大小。假设 int $x=5$，$y=4$，$z=3$；在数学上，$x＞y＞z$ 是成立的。但是，在 C 语言中，$x＞y＞z$ 是不成立的。关系运算符是左结合的，先计算 $x＞y$ 的值，结果是 1，然后再计算 $1＞z$ 的值，结果是 0。描述数学关系 $x＞y＞z$ 的正确的 C 语言表达式是 x＞y && y＞z。其中，&& 是逻辑与运算符，详见 6.4.3 节。

(2)由于浮点型数据存在舍入误差，谨慎使用＝＝和!＝比较两个非常接近的、相差又非常小的浮点型数据。例如，假设 float a＝3.3，那么 $a==3.3$ 的运算结果一定是 1 吗？不一定！因为 a 是 float 类型，而常数 3.3 作为 double 类型数据处理。float 和 double 数据类型的精度不同，虽然 3.3 从数学角度看是有限小数，但是把 3.3 转换为二进制数是无限小数。float 和 double 舍入误差的不同导致 $a==3.3$ 不成立。可以用表达式 fabs(a−3.3)＜1e−7 表示"a 等于 3.3"。其中，函数 fabs() 计算浮点数的绝对值，使用 fabs() 函数时需要包含头文件 math.h。1e−7 是精度，可根据实际问题及要求设置不同的合适精度。

(3)区别＝＝和＝，后者是赋值运算符。如定义 int x＝0，则 $x==0$ 是成立的，表达式的值是 1；但是 x＝0 是赋值，表达式的值是 0。

把以下问题转换为相应的关系表达式：

(1)整数 x 是奇数：x % 2＝＝1，或者 x % 2 !＝0。

(2)整数 x 能被 3 整除：x % 3＝＝0。

算术运算符的优先级高于关系运算符，所以 x % 3＝＝0 等价于(x % 3)＝＝0。

6.4.3　逻辑运算符及逻辑表达式

逻辑运算又称为布尔运算，用于运算逻辑"真""假"。C 语言中的逻辑运算符有 3 个：!、&&、||，其含义分别是逻辑非、逻辑与、逻辑或。!运算符的优先级高于 && 运算符，&& 运算符的优先级高于 || 运算符。!是一元运算符，右结合的；&& 运算符和 || 运算符是二元运算符，左结合的。由逻辑运算符和相应操作对象组成的合法的式子称为逻辑表达式，其基本格式如下：

```
！表达式 1；
表达式 1 && 表达式 2；
表达式 1 || 表达式 2；
```

逻辑运算符的操作对象是逻辑值，逻辑表达式的值仍然是逻辑值。在上述表达式中，表达式1、表达式2的值均用作逻辑值。C语言规定，非0表示逻辑真、0表示逻辑假。

(1)逻辑非运算符。

逻辑非运算符！，其含义是"否定"，！"真"即"假"，！"假"即"真"。逻辑非运算符的真值如表6-6所示。

表 6-6 逻辑非运算符真值表

表达式 1	！表达式 1
0	1
非 0	0

例如，设 int a＝1,b＝0;char ch＝'a';

```
！a 结果为 0；
！b 结果为 1；
！ch 结果为 0。
```

(2)逻辑与运算符。

逻辑与运算符 &&，其含义是"并且"，表达两个条件同时成立的语义，即表达式1和表达式2同时成立。只有当表达式1和表达式2同时为真(非0)时，表达式1 && 表达式2的结果才为真(1)；否则为假(0)。逻辑与运算符的真值如表6-7所示。

表 6-7 逻辑与运算符的真值表

表达式 1	表达式 2	表达式 1 && 表达式 2
0	0	0
0	非 0	0
非 0	0	0
非 0	非 0	1

例如，设 int a＝1,b＝0;char ch＝'a';

```
a && b 结果为 0；
b && ch 结果为 0；
a && ch 结果为 1。
```

(3)逻辑或运算符。

逻辑或运算符 ||，其含义是"或者"，表达两个条件之一成立即可，即表达式1成立或者表达式2成立。只有当表达式1和表达式2同时为假(0)时，表达式1 || 表达式

2 的结果才为假(0)；否则为真(1)。逻辑或运算符的真值如表 6-8 所示。

表 6-8　逻辑或运算符的真值表

表达式 1	表达式 2	表达式 1 ‖ 表达式 2
0	0	0
0	非 0	1
非 0	0	1
非 0	非 0	1

例如，设 int a＝1,b＝0;char ch＝'a';

a‖b 结果为 1；
b ‖ ch 结果为 1。

通常解决实际问题时，需要综合运用算术运算符、关系运算符和逻辑运算符表示一个复杂的条件。例如，判断某一年是否是闰年。闰年的判断条件是满足下列两个条件之一：

①能被 4 整除，但不能被 100 整除；

②能被 400 整除。

描述闰年的表达式是：$((year \% 4 ==0) \&\& (year \% 100 !=0)) || (year \% 400 ==0)$。

上述表达式中，既使用了算术运算符％，也使用了关系运算符＝＝、!＝，还使用了逻辑运算符 &&、‖。这些运算符同时出现在表达式中时，其优先级顺序从高到低是：算术运算符％，关系运算符＝＝、!＝，逻辑运算符 &&，逻辑运算符 ‖。所以，上述表达式完全等价于：

year % 4==0 && year % 100 !=0 || year % 400==0

显然，第一种表达式比第二种表达式更容易理解，"可读性"更强。因此，在复杂的表达式中添加括号有时并不是为了改变运算符的优先级顺序，而是为了提高程序的可读性。

(4)短路特性。

仔细分析逻辑与运算符的真值表(表 6-7)的前两行，发现只要表达式 1 是 0，无论表达式 2 的值是什么，表达式 1 && 表达式 2 的结果肯定是 0。在这种情况下，为了提高程序的执行效率，表达式 2 不再被执行。这种特性称为逻辑与的"短路特性"。

类似地，在表达式 1 ‖ 表达式 2 中，只要表达式 1 的值是非 0 值，即表达式 1 成立，无论表达式 2 的结果是什么，表达式 1 ‖ 表达式 2 的结果肯定是 1。在这种情况下，为了提高程序的执行效率，表达式 2 不再被执行。这种特性称为逻辑或的"短路特性"。

例如，设 int a＝1，b＝2，c＝3，d＝4，m＝1，n＝1；则执行以下语句后的输出结果是 0，m＝0，n＝1。

```
printf("%d,",(m=a>b)&& (n=c>d));
printf("m=%d,n=%d",m,n);
```

说明：在表达式(m=a＞b)＆＆(n=c＞d)中，先计算前面的(m=a＞b)，由于关系运算符＞的优先级高于赋值运算符＝，所以先计算 a＞b，结果为 0；然后执行赋值 m=0，变量 m 的值为 0，表达式 m=0 的结果为 0，即表达式(m=a＞b)的结果为 0。根据＆＆的短路特性，后面表达式(n=c＞d)不再执行，n 的值没有发生变化。所以表达式(m=a＞b)＆＆(n=c＞d)的结果为 0，m 的值为 0，但是 n 的值还是 1。

6.4.4 赋值运算符及赋值表达式

1. 简单赋值运算符

赋值运算符的功能是把一个表达式的值赋给一个变量，由赋值运算符及相应操作数组成的式子称为赋值表达式，其一般格式为：

变量名＝表达式

例如，n=1 是合法的赋值表达式(假设 n 已经正确定义)。赋值表达式的值是被赋值变量的值。所以，表达式 n=1 的值是 1。

使用赋值表达式时要注意以下 3 点：

(1)赋值表达式的左边必须是变量。例如，a＋b=c 是不合法的。由于＋运算符的优先级高于＝运算符，a＋b 是一个表达式，不能在赋值号的左边。

(2)充分理解 a=a＋1 的执行过程。假设 int a=1；则表达式 a=a＋1 执行过程如下：首先执行赋值 a＋1 操作，取得变量 a 的值 1，执行 a＋1 后其结果为 2；然后执行赋值 a=2 操作，取得变量 a 的值为 2。

(3)赋值运算符是右结合的，表达式 a=b=c=1 是合法的。首先执行表达式 c=1，其值是 1；然后执行 b=1，其值是 1；最后执行 a=1，最终表达式的值是 1，变量 a、b、c 的值均被赋值为 1。

2. 复合赋值运算符

复合赋值运算符的一般用法如下：

变量 运算符＝表达式

它完全等价于：

变量＝变量 运算符 表达式

其中，运算符包括算术运算符＋、－、＊、/、％，还有位运算符＆、|、^、＜＜、＞＞(位运算符参考 6.4.8)。所以，复合赋值运算符包括＋＝、－＝、＊＝、/＝、％＝、＆＝、|＝、^＝、＜＜＝、＞＞＝。

例如，设 int a=2，b=7；

a＋＝3 等价于 a=a＋3； //变量 a 的值被赋值为 5
b＊＝b＋1 等价于 b=b＊(b＋1)； //复合复制运算符右侧表达式作为一个整体,变量 b 的值被赋值为 56。

3. 赋值中的自动类型转换

在赋值运算中，如果赋值号右侧表达式的数据类型与被赋值变量的数据类型不一致，表达式的数据类型自动转换为被赋值变量的数据类型。如果不能自动类型转换，则发生赋值错误。如：

```
char ch=97;   //合法,把整数 97 转换为字符型,ch 是字符'a'
int* p=100;   //不合法,不能把整数 100 转换为指针
```

关于自动类型转换的详细内容参考 6.4.9 节。

6.4.5　自增运算符和自减运算符

表达式 a＝a＋1 的语义是把变量 a 的值增加 1 再赋值回 a，表达式 b＝b－1 的语义是把变量 b 的值减小 1 再赋值回 b。C 语言提供了两个非常有用的运算符：自增运算符＋＋和自减运算符－－。自增运算符使变量的值自动增加 1，自减运算符使变量的值自动减小 1。

根据自增（减）运算符与变量的位置关系不同，自增（减）运算符分为前缀自增（减）运算符和后缀自增（减）运算符。前缀自增（减）运算符＋＋（－－）在变量的前面，其形式为：

```
++变量名(--变量名)
```

后缀自增（减）运算符＋＋（－－）在变量的后面，其形式为：

```
变量名++(变量名--)
```

这两种形式的相同点是变量的值均增加（减小）1，不同点是表达式的值不同：表达式"＋＋变量名（－－变量名）"先使变量的值增加（减小）1，然后把变量的值作为整个表达式的值；表达式"变量名＋＋（变量名－－）"先使用变量原来的值作为整个表达式的值，然后使变量的值增加（减小）1。

例如，假设 int i=1，j=1，m，n；

```
m=i++;//表达式 i++的值是 1,m 赋值为 1,整个表达式的值是 1,变量 i 的值是 2
n=++j;//表达式++j 的值是 2,n 赋值为 2,整个表达式的值是 2,变量 j 的值是 2
```

假设 int i=3，j=3，m，n；

```
m=i--;//表达式 i--的值是 3,m 赋值为 3,整个表达式的值是 3,变量 i 的值是 2
n=--j;//表达式--j 的值是 2,n 赋值为 2,整个表达式的值是 2,变量 j 的值是 2
```

使用自增/自减运算符时要注意：

(1)自增/自减运算符是一元运算符，只能操作变量，不能操作常量或表达式。如 5－－是非法的，(a+b)＋＋也是非法的。假设 int n=3，m；那么执行 m＝－n＋＋后 m 和 n 的值分别是－3 和 4。表达式 m＝－n＋＋等价于 m＝－(n＋＋)，而不是 m＝(－n)＋＋。

(2)假设 int n＝1，执行以下语句的结果是多少？

```
printf("%d %d",n++,++n);
```

C标准并没有规定函数调用时参数的传递顺序，不同编译器执行上述语句的结果不同。编程时尽量避免使用复杂的自增/自减表达式，如 m＝n＋＋＋＋n 这种表达式晦涩难懂，而且不同编译器执行的结果又可能不同。良好的程序设计风格要求在一行语句中，一个变量最多只出现一次自增或自减运算。

自增/自减运算符常用于循环中循环变量自动增加1或减小1的操作中。如：

```
for(i=1;i<=100;i++)
    sum+=i;
```

6.4.6　条件运算符及条件表达式

首先思考以下问题：给出两个整数 a 和 b，令 max 等于 a 和 b 的较大值。该问题可以用 if-else 语句实现，其主要代码如下：

```
if(a>=b)
    max=a;
else
    max=b;
```

从上述代码的逻辑关系上可以看出：不管条件成立与否，都会执行一条赋值语句，而且被赋值的变量是同一个变量，只是赋给这个变量的数值不同。满足这种关系的 if-else 语句可以通过条件表达式实现：

```
max=(a>=b)? a:b;
```

其中的? 是条件运算符，是 C 语言中唯一的三元运算符。由条件运算符及操作数组成的式子称为条件表达式。条件表达式的基本格式如下：

```
表达式 1? 表达式 2:表达式 3
```

条件表达式的执行过程如下：

首先计算表达式 1 的值，如果表达式 1 的值非 0，则计算表达式 2，并且把表达式 2 的值作为整个条件表达式的值，表达式 3 不再计算；如果表达式 1 的值是 0，则计算表达式 3，并且把表达式 3 的值作为整个条件表达式的值，表达式 2 不再计算。

例如，假设 int x＝7，语句

```
printf("%d %s",x,(x % 2==0)? "is even.":"is odd.");
```

输出 7 is odd.

条件运算符也有类似于逻辑运算符的"短路特性"。具体来说，如果表达 1 的值非 0，计算表达式 2 的值，表达式 3 不再运算；如果表达式 1 的值是 0，计算表达式 3 的值，表达式 2 不再运算。

例如，int x＝1，y＝0，m＝2，n＝3；执行表达式

> (x＞y)？m＋＋:n＋＋

后，变量 m 和 n 的值都是 3。因为 $x＞y$ 成立，值是 1(非 0)，计算表达式 m＋＋，m 的值增加 1 变成 3，不计算表达式 n＋＋，n 的值仍然是 3。

条件运算符可以嵌套使用：表达式 2 或者表达式 3 仍然是一个条件表达式。例如，判断整数 x 的符号：若 x 大于 0，则 x 的符号是 1；若 x 等于 0，则 x 的符号是 0；若 x 小于 0，则 x 的符号是 −1，可以用如下表达式计算。

> y＝(x＞0)？1:(x＝＝0)？0:−1;

条件运算符是右结合的，所以，(x＝＝0)？0：−1 是一个完整的条件表达式，这个表达式又是前面条件运算符的第 3 个操作数。条件运算符嵌套使用时，从左向右依次计算。例如，假设 int x＝−3，首先计算 $x＞0$ 的值为 0，计算表达式(x＝＝0)？0:−1，继而计算 $x＝＝0$ 的值为 0，计算表达式−1，把结果−1 作为表达式(x＝＝0)？0:−1 的值，继而求得整个表达式的值为−1。

6.4.7　逗号运算符及逗号表达式

用逗号运算符把多个表达式连接在一起，就构成逗号表达式，其作用是对各个表达式进行顺序求值。逗号表达式的基本格式为：

> 表达式 1,表达式 2,…,表达式 n

逗号运算符的优先级最低，是左结合的。逗号表达式的执行过程：先计算表达式 1，然后计算表达式 2，……最后计算表达式 n，并把逗号表达式 n 的值作为整个逗号表达式的值。

例如，int i, j;

i＝1, j＝2

依次给变量 i 赋值为 1、j 赋值为 2，逗号表达式的值是 2。

逗号表达式常用于 for 循环的表达式 1 或表达式 3 中，用于完成对变量的分别赋值或分别累加累减。

例 6-8　小学生学习"数的拆分"，如 2 可以拆成 0＋2、1＋1。编写程序，输入一个 20 以内的整数，输出所有的拆分式。

```
# include < stdio.h>
intmain()
{
    int n,i,j;
    scanf("% d",&n);
```

```
for(i= 0,j= n; i < = j; i+ + ,j- - ){
    printf("% d + % d= % d\n",i,j,n);
}
return 0;
}
```

本例中，for()循环中的表达式 i＝0，j＝n 和 i＋＋，j－－都是逗号表达式，顺序计算逗号表达式中的每个表达式。例 6-8 的运行结果如下：

10
0＋10＝10
1＋9＝10
2＋8＝10
3＋7＝10
4＋6＝10
5＋5＝10

6.4.8　位运算符及位运算表达式

C语言提供了 6 个位运算符，分别是～、＜＜、＞＞、&、ˆ、｜，其含义分别是按位取反、左移位、右移位、按位与、按位异或、按位或。这 6 个运算符的运算优先级依次降低，其中＜＜和＞＞的优先级相同，除～运算符是右结合之外，其他运算符都是左结合。

位运算是对字节或字节内的二进制数位进行测试、抽取、设置或移位等操作，其操作对象只能是整型或字符型。运算符～、&、ˆ、｜的运算规则如表 6-9 所示（x 和 y 表示一个比特位）。

表 6-9　位运算符的运算规则

x	y	～x	x & y	x ˆ y	x ｜ y
0	0	1	0	0	0
0	1	1	0	1	1
1	0	0	0	1	1
1	1	0	1	0	1

移位是指把一个数向左或向右平移，如 $x \ll n$ 表示 x 的每一位向左平移 n 位，右边补 0；$x \gg n$ 表示 x 的每一位向右平移 n 位。如果是逻辑右移位，左边补 0；如果是算术右移位，左边用符号位填充。

例 6-9　综合演示位运算符。

```
# include<stdio. h>
int main()
{
    int x=123,y=8;
```

```
        printf("~%d:%d\n",x,~x);
        printf("%d & %d:%d\n",x,y,x & y);
        printf("%d & %d:%d\n",x,y,x ^ y);
        printf("%d & %d:%d\n",x,y,x | y);
        printf("%d<<1:%d\n",y,y<<1);
        printf("%d>>1:%d\n",y,y>>1);

        return 0;
}
```

程序的运行结果：

```
~123:-124
123 & 8:8
123 ^ 8:115
123 | 8:123
8 < < 1:16
8 > > 1:4
```

说明： 整数 123 和 8 的二进制补码分别是 0000 0000 0111 1011、0000 0000 0000 1000（假设用 16 位表示，如果用 32 位表示，那么前面再补 16 个 0。下同）。

（1）~123：按位取反，结果是 1111 1111 1000 0100（如果用 32 位表示，那么前面再补 16 个 1）。这是-124 的补码，所以~123 的结果是-124。

（2）123 & 8：按位与，只有 1&1 结果是 1，否则结果是 0。

```
      0000 0000 0111 1011
  &   0000 0000 0000 1000
      0000 0000 0000 1000
```

（3）123 ^ 8：按位异或，只有 0^1（或 1^0）结果是 1，否则结果是 0。

```
      0000 0000 0111 1011
  ^   0000 0000 0000 1000
      0000 0000 0111 0011
```

（4）123 | 8：按位或，只有 0|0 结果是 0，否则结果是 1。

```
      0000 0000 0111 1011
  |   0000 0000 0000 1000
      0000 0000 0111 1011
```

（5）8<<1：左移 1 位，右侧补 0，相当于乘 2 操作。即 0000 0000 0000 1000 左移 1 位，0000 0000 0001 0000。

（6）8>>1：右移 1 位，左侧补 0，相当于除以 2 操作。即 0000 0000 0000 1000 右移 1 位，0000 0000 0000 0100。

6.4.9　数据类型转换

计算机只能对相同类型的数据进行运算。在一个复杂的表达式中，当存在多种类型的数据进行综合运算时，为了提高程序的灵活性，C语言允许在执行运算之前根据一定的规则自动将不同类型的数据转换为相同类型。C语言提供了两类转换规则：一类不需要程序员的介入，由编译器自动实现类型转换，也称为隐式转换；另一类是程序员使用命令进行强制类型转换，也称为显式转换。

1. 自动类型转换

在以下几种情况下数据类型会进行隐式转换：

(1)算术运算的操作数类型不一致时；

(2)赋值运算中赋值号右侧表达式的类型与被赋值变量的类型不一致时；

(3)printf()函数调用中，格式说明符与输出表达式的类型不一致时；

(4)函数调用中，实参的数据类型与形参的数据类型不一致时；

(5)函数返回值的类型与函数中 return 语句返回值的类型不一致时。

第(1)种情况已经在 6.4.1 节中进行了探讨，在此不再赘述。第(2)种情况中，把赋值号右侧表达式的类型转换为被赋值变量的类型；第(3)种情况中，把输出表达式的类型转换为格式说明符指定的类型；第(4)种情况中，把实参的类型转换为形参的类型；第(5)种情况中，把 return 语句中返回值的类型转换为函数返回值的类型。

在这些转换过程中，"窄"数据类型转换为"宽"数据类型时，把"窄"数据类型扩展为"宽"数据类型的长度，这种转换是安全的，通常不会出现问题。如 int n='A'，把 1 个字节的"窄"数据类型(char)转换为 4 个字节的"宽"数据类型(int)，如图 6-7 所示。

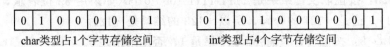

char类型占1个字节存储空间　　　　int类型占4个字节存储空间

图 6-7　"窄"数据类型扩展为"宽"数据类型

反之，"宽"数据类型转换为"窄"数据类型时，把"宽"数据类型截断，在此过程中存在数据精度损失。如 int n=3.14，把 double 型 3.14 转换为 int 类型 3 赋值给变量 n。占用内存空间大的整数转换为占用内存空间小的整数时，如果转换的值超出了"窄"数据类型可表示的范围，将得到一个无意义的值。在这种情况下，编译器通常会在编译时给出警告信息。

例 6-10 用整数给字符型变量赋值。

```
# include<stdio.h>
int main()
{
    char ch1=97,ch2=321;
    printf("ch1=%c,其 ASCII 值为%d\n",ch1,ch1);
    printf("ch2=%c,其 ASCII 值为%d\n",ch2,ch2);

    return 0;
}
```

其中，编译 ch2=321 时给出警告信息：〔Warning〕overflow in implicit constant conversion〔—Woverflow〕，大意是在隐式转换中数据溢出。

如果忽略警告信息，继续执行程序，运行结果如下：

```
ch1=a,其 ASCII 值为 97
ch2=A,其 ASCII 值为 65
```

说明：由于 97 的二进制整数为 00000000 00000000 00000000 01100001，赋值给 1 个字节的变量 ch1 时，仅把最后 1 个字节的数据(01100001)赋值给 ch1，仍然是 97。用％c 输出 ch1 的值时，输出字母'a'，用％d 输出 ch1 的值时，再把 1 个字节的整数 97 (01100001)扩展为 4 个字节的整数，扩展时用符号位填充，扩展为 00000000 00000000 00000000 01100001，仍然是 97。

整数 321 的二进制整数为 00000000 00000000 00000001 01000001，赋值给 1 个字节的变量 ch1 时，仅把最后 1 个字节的数据(01000001)赋值给 ch1，值变为 65。用％c 输出 ch1 的值时，输出字母'A'，用％d 输出 ch1 的值时，再把 1 个字节的整数 65 (01000001)扩展为 4 个字节的整数，仍然是 65。在这个过程中存在数据溢出，在"截断"又"扩展"的过程中数据发生了改变。

再举一个例子：

```
char ch=200;
printf("%d",ch);
```

上述语句的输出结果是－56，不是 200。因为，200 的二进制整数是 00000000 00000000 00000000 11001000，赋值给字符型变量 ch 时，仅保留低 8 位，即最后 1 个字节(11001000)。然后，用％d 输出 ch 的值时，再把 11001000 扩展为 4 个字节的整数，扩展时用最高位的符号位填充，扩展的结果为 11111111 11111111 11111111 11001000，这是－56 的补码。

2. 强制类型转换

在无法实现自动数据类型转换的操作过程中，程序员可以使用命令完成数据类型的强制转换。强制类型转换的格式如下：

(类型标识符)表达式

把表达式的数据类型强制转换为"类型标识符"规定的类型。如(int)3.14 的结果是整数 3。强制类型转换运算不改变表达式本身的类型和值，仅转换为一个中间临时值。

(float)1/2 的结果为 0.5，而(float)(1/2)的结果为 0。类型转换运算符的优先级高于算术运算符，所以(float)1/2 等价于((float)1)/2，先把 1 转换为 float 类型再除以 2，这是浮点除，其结果为 0.5。

至此，本章介绍了 C 语言中常用的运算符。在使用这些运算符时，不仅需要知道运算符的功能，还需要知道运算符的优先级和结合性。C 语言中的运算符优先级共分为 15 个等级(参考附录 2)，全部记忆这些运算符的优先级非常困难。运算符优先级的整体规则有两条：一是一元运算符优先级高于二元运算符；二是算术运算符优先级高于关系运算符、关系运算符优先级高于逻辑运算符。而运算符结合性的整体规则是：

一元运算符和三元运算符一般是右结合，而二元运算符除了赋值类运算符（包括赋值和复合赋值）之外，一般都是左结合。当表达式比较复杂，综合使用多种不同的运算符时，可以适当地添加括号运算符()以提高表达式的可读性。

习 题

一、选择题

1. 以下整型常量不正确的是(   )。

A. 101   B. 0129   C. 0x2a   D. 75

2. 以下浮点型常量不正确的是(   )。

A. 0.25   B. .25   C. 25.   D. 1e2.5

3. 以下字符型常量正确的是(   )。

A. 'ab'   B. '3'   C. "3"   D. '\ 29'

4. 关于标识符的命名，以下不正确的是(   )。

A. a2   B. _ a   C. a#   D. sum

5. 以下语句的输出结果是(   )。

```
int x;
printf("%d",x);
```

A. 0   B. 没有输出

C. 未定义的随机值   D. 语法错误

6. 以下程序的输出结果是(   )。

```
int a=1,b=2;
printf("a=%d,b=%d",a,b);
```

A. $a=1$, $b=2$ B. 1, 2   C. $a=1$ $b=2$ D. $a=1$, $b=2$

7. 执行以下语句后，若使变量 a 的值是1，b 的值是2，正确的输入是(   )。

```
int a,b;
scanf("a=%d,b=%d",&a,&b);
```

A. 1 2   B. $a=1$, $b=2$ C. 1, 2   D. $a=1$ $b=2$

8. 以下表达式不合法的是(   )。

A. 12 % 2   B. 12/2   C. 12.0 % 2   D. 12.0/2

9. 以下表达式的值是 0 的是(   )。

A. 1 / 2   B. 1<2   C. 1 && 2   D. 1 ^ 2

10. 与 if(a!=0)等价的表达式是(   )。

A. if(a==0)   B. if(! a)   C. if(a)   D. if(a==1)

二、计算以下表达式的值

1. int n=2; a+=a -=a * =2

2. (float)(1/2)

3. 2+3>4

4. int a=6, b=5, c=4; a>b>c

5. int a=3; a+3, a * 2, a-1

三、程序设计题

1. 某超市打折促销，苹果 9 元/千克，5 千克(含 5 千克)以下 9 折，超过 5 千克 85 折。请输入购买的苹果重量(浮点数)，输出应付额(保留 1 位小数)。

2. 从键盘输入三角形的三条边，用以下公式计算三角形的面积 S(假设输入的三条边长构成一个三角形)。

$$n = \frac{1}{2}(a+b+c)$$

$$S = \sqrt{n(n-a)(n-b)(n-c)}$$

第 7 章 数组

前面的章节所使用的数据都属于基本数据类型。但在现实中的很多情况下，仅靠简单类型的数据是不够的，难以反映出数据的特点，也不能进行有效处理。例如，要求输出一个班 50 个同学的数学成绩。如何求解这个问题？当然可以通过定义实型变量来实现，但需要定义 50 个实型变量来分别表示每个同学的数学成绩，显然这不是一种好的方法。而且，如果有 100 个同学、1000 个同学，这种方法显然是行不通的，需要用一种新的数据结构存放这些数。这 50 个数据都表示的是成绩，具有相同的属性，可以把这些具有相同属性的数据放到一个集合 S 中，用不同的下标来表示不同学生的成绩。例如，S_0 表示第一个学生的成绩。在 C 语言中，把这些具有相同属性的数据的集合叫作数组（S 即为数组名），下标用[]表示，即 S_0 表示为 $S[0]$。也就是说，数组是由若干类型相同的变量构成的有序集合。在实际求解问题时，根据数据的复杂程度，可以定义一维数组、二维数组和多维数组等。

7.1 一维数组

7.1.1 一维数组的定义

和变量一样，数组也必须是先定义后使用。定义一维数组的一般形式为：

类型说明符 数组名[常量表达式]

其中，类型说明符表示数组的类型；常量表达式确定了数组中元素的个数，也就是数组的长度。例如：

```
int a[10];
```

表示定义了一个由 10 个整型数据组成的数组，数组名为 a，数组元素为 $a[0]$，$a[1]$，…，$a[9]$。

说明：

(1)数组名的命名规则和变量的命名规则相同，遵循标识符的命名规则。

(2)一个数组名在同一个函数内部只能命名一次，不能重复出现。例如，前面定义了 int a[10];就不能再定义 float a[10];。

(3)定义数组时，必须指定数组长度。中括号中的常量表达式可以是常量或符号常量，但不能是变量，其值必须是正整数。例如，下列数组的定义是合法的：

```
# define PAI 3.1415
int m[PAI],max[4+6],float d[2*PAI];
```

下列数组的定义是不合法的：

```
int n;
scanf("%d",&n);
int b[n];
```

也就是说，C 语言不允许对数组的大小做动态定义。

(4)数组定义以后，编译器就会为这个数组在内存中分配一串连续的存储单元用于存放数组元素的值。数组名表示存储单元的首地址，存储单元的多少由数组的类型和数组的大小决定。例如：

```
short int a[5];
```

编译器就会在内存中划出一片存储空间(使用不同的编译系统，此空间的大小会有所不同)存放数组 a，如图 7-1 所示。

| $a[0]$ | $a[1]$ | $a[2]$ | $a[3]$ | $a[4]$ |

图 7-1　数组 a

7.1.2　一维数组的初始化

定义一维数组的同时可以对其元素进行赋值，称为数组的初始化。其格式为：

　　　类型符　数组名[表达式]＝{初值表};

(1)定义数组时给全部元素赋初值。例如：

```
int a[6]={1,5,4,6,7,8};
```

将数组中各元素的初值依次存放在花括号内，元素间用逗号分隔。经过定义和初始化后，数组各元素的值分别为：$a[0]=1$，$a[1]=5$，$a[2]=4$，$a[3]=6$，$a[4]=7$，$a[5]=8$。

(2)给部分元素赋初值。例如：

```
int a[6]={1,5,4};
```

定义 a 数组有 6 个元素，但花括号内只定义前 3 个元素的初值，剩下的元素编译系统自动赋初值为 0。即 $a[0]=1$，$a[1]=5$，$a[2]=4$，$a[3]=0$，$a[4]=0$，$a[5]=0$。

(3)给全部元素赋初值时可以不指定数组长度，数组的长度就是初值表中数值的个数。例如：

```
int a[6]={1,5,4,6,7,8};
```

可以写成

```
int a[]={1,5,4,6,7,8};
```

但是，如果数组的长度与初始数据的个数不相等，在定义数组时不能省略数组长度。

(4)当对全部数组元素初始化为 0 时，可以写成：

```
int a[6]={0,0,0,0,0,0};
```

或

```
int a[6]={0};
```

(5)数组的初值表不能为空。例如：

```
int a[6]={};
```

是不合法的。

(6)没有初始化的数组，其元素的值不确定。例如：

```
int a[5]={ 1 },i;
for(i=0;i<5;i++)  printf(" %d",a[i]);
```

输出的结果为：1 0 0 0 0。

```
int a[5],i;
for(i=0;i<5;i++)  printf(" %d",a[i]);
```

输出的结果为不可预知的随机值。

7.1.3 一维数组的引用

在定义数组并对其元素赋值后，就可以引用数组中的元素。数组元素在引用时只能逐个引用，不能一次引用整个数组。

引用数组元素的一般形式为：

```
数组名[下标]
```

例如：

```
int c[10];          //定义一个包含 10 个元素的数组 c
c[0]=3;             //数组中第一个元素赋值为 3
```

说明：

(1)定义数组时用到的"数组名[常量表达式]"和引用数组元素时的"数组名[下标]"形式相同，但含义不同。例如：

```
int a[5];                //定义整型数组 a,包含 5 个元素
scanf("%d",&a[3]); //这里的 a[3]表示引用 a 数组中第 4 个元素
```

(2)引用数组元素时，下标可以是整数、符号常数、变量或整型表达式。例如：

```
int c[10],x=3;
c[5-2]==c[3]==c[x];
```

(3)对于长度为 n 的数组,其数组元素可以使用的下标范围为 $0 \sim n-1$。例如:

```
float a[5];
a[5]=4;        // 错误的赋值语句,数组元素的下标只能使用 0～4
```

(4)数组必须先定义,后使用。

(5)因为一维数组的元素下标都是相邻的数值,所以可以利用 for 循环按照下标顺序依次访问数组中的所有元素。

例 7-1　逆序输出一个数组中各元素的值。

首先需要定义一个数组,然后用循环语句逐个输入数组元素的值。在输出时,用循环按下标从大到小的顺序依次输出数组元素的值实现逆序输出。

程序代码如下:

```
# include<stdio.h>
int main ()
{
  int i,a[5];
  for (i=0;i<=4;i++)
    scanf("%d",&a[i]);
  for(i=4;i>=0;i--)
    printf("%d",a[i]);
  printf("\n");
  return 0;
}
```

如果输入元素的值为:1 2 3 4 5,那么,输出结果为:5 4 3 2 1。

7.1.4　一维数组程序举例

例 7-2　求 Fibonacci(斐波那契)数列的前 40 个数。

斐波那契数列(Fibonacci sequence),又称黄金分割数列,因数学家莱昂纳多·斐波那契(Leonardo Fibonacci)以兔子繁殖为例子而引入,故又称为"兔子数列"。这个数列的特点有:第 1,第 2 两个数为 1,1。从第 3 个数开始,该数是其前面两个数之和。即该数列为:1,1,2,3,5,8,13,21,34,…。在数学上,斐波那契数列以如下递推的方法定义:

$$\begin{cases} F_1=1 & (n=1) \\ F_2=1 & (n=2) \\ F_n=F_{n-1}+F_{n-2} & (n \geqslant 3) \end{cases}$$

由题意，数列 F_n 可以用数组来表示，每一个数组元素代表数列中的一个数，依次求出各数并存放在相应的数组元素中即可。

程序代码如下：

```c
# include<stdio.h>
int main()
{
  int i;
  int f[40]={1,1};
  for(i=2;i<40;i++)
    f[i]=f[i-2]+f[i-1];
  for(i=0;i<40;i++)
  {
    if(i%5==0)
        printf("\n");
    printf("%15d",f[i]);
  }
  printf("\n");
  return 0;
}
```

程序的运行结果：

1	1	2	3	5
8	13	21	34	55
89	144	233	377	610
987	1597	2584	4181	6765
10946	17711	28657	46368	75025
121393	196418	317811	514229	832040
1346269	2178309	3524578	5702887	9227465
14930352	24157817	39088169	63245986	102334155

例 7-3 输入 10 个整数，输出其中的最大值。

找出 10 个数中的最大值，实际上是一个数的比较问题。在数组第 1 个位置存放最大值，用数组第 1 个元素依次和其余 9 个元素进行比较，如果第 1 个元素的值小于第 i 个元素的值，就进行交换。

程序代码如下：

```c
# include<stdio.h>
intmain()
{
  int a[10],temp,i;
```

```
    printf("input 10 number:")
    for(i=0;i<10;i++)
      scanf("%d",&a[i]);
    for(i=1;i<10:i++)
      if(a[0]<a[i])
        {temp=a[0];a[0]=a[i];a[i]=temp;}
    printf("the max is:");
    printf("%d/n",a[0]);
}
```

程序的运行结果:

```
input 10 number:
2 21 5 8 10 1 9 4 7 6
the max is:
21
```

例 7-4　用冒泡法对任意给定的数列按由小到大的方式排序。

冒泡法(也叫起泡法)排序的思路是:将相邻两个数进行比较,小数放在前面,大数放在后面。先将第 1 个元素与第 2 个元素进行比较,若数值按递增排列就保持原样,否则两者交换;然后比较第 2 个元素和第 3 个元素;依次类推。这样在第一轮扫描结束后,使最大的元素被安置到最后一个位置上。第二轮扫描再对前 $n-1$ 个元素重复以上过程。如果有 n 个数,则要进行 $n-1$ 轮比较,第 i 轮需要比较 $n-i$ 次。

假设给定的数列为 13,76,97,65,38,49,第一次比较 13 和 76,76 大于 13,顺序不变;第二次比较 76 和 97,顺序不变;第三次比较 97 和 65,交换次序;第四次比较 97 和 38,交换次序;第五次比较 97 和 49,交换次序。经过五次比较以后,产生最大值 97,一轮比较结束(见图 7-2)。然后进行第二轮比较,对余下的前面 5 个数(13,76,65,38,49)进行新一轮比较,产生次大的数。按这样的规律,6 个数需要比较 5 轮,才能使 6 个数按从小到大的顺序排列。

13	13	13	13	13	13
76	76	76	76	76	76
97	97	97	65	65	65
65	65	65	97	38	38
38	38	38	38	97	49
49	49	49	49	49	97
第一次	第二次	第三次	第四次	第五次	结果

图 7-2　第一轮排序

由此画出流程图如图 7-3 所示。

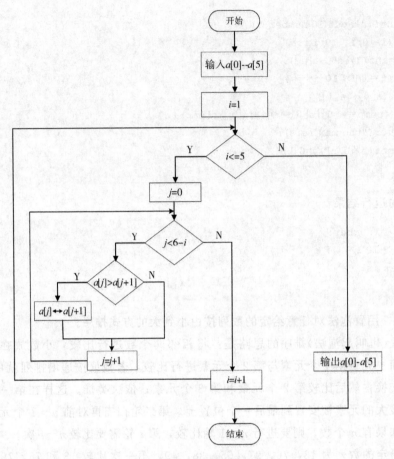

图 7-3 流程图

程序代码如下：

```
# include<stdio. h>
void main()
{
    int a[6],i,j,t;
    printf("请输入 6 个整数:\n");
    for (i=0;i<10;i++)                //键入 6 个数,放入 a 数组中
        scanf("%d",&a[i]);
    printf("\n");
    for (i=1;i<=5;i++)                //冒泡排序,比较的轮数
        for (j=0;j<6-i;j++)          //比较一轮
            if (a[j]>a[j+1])          //比较一次
            {
                t=a[j];
                a[j]=a[j+1];
                a[j+1]=t;
            }
```

```
printf("按由小到大的顺序输出 6 个整数是:\n");
for (i=0;i<10;i++)
    printf("%d",a[i]);
  printf("\n");
}
```

程序的运行结果：

请输入 6 个整数：
13 76 97 65 38 49
按由小到大的顺序输出的 6 个整数是：
13 38 49 65 76 97

7.2　二维数组

在程序设计中发现要处理的数据是二维表格、矩阵等具有二维特征的数据时，如果使用多个一维数组存储其中的数值是可以的，但是如果只是用这种存储方式并不能体现出其元素之间的行列位置，这时就要用到二维数组来解决这个问题。二维数组从结构上来说，可以看成是由多个一维数组组成的存储方式。

7.2.1　二维数组的定义

二维数组的定义和一维数组类似，其一般形式为：

类型说明符　数组名[常量表达式 1][常量表达式 2];

其中的类型说明符表示数组元素的类型，常量表达式 1 表示第一维下标的长度，常量表达式 2 表示第二维下标的长度。例如：

```
int a[3][4];
```

表示定义了一个 3 行 4 列的数组，数组名为 a，数组的元素个数共有 3×4 个，即：

$a[0][0],a[0][1],a[0][2],a[0][3]$
$a[1][0],a[1][1],a[1][2],a[1][3]$
$a[2][0],a[2][1],a[2][2],a[2][3]$

二维数组在内存中是按行顺序存放的，图 7-4 表示数组 $a[3][4]$ 的存放顺序。

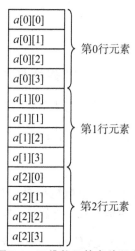

图 7-4　二维数组的存放顺序

7.2.2　二维数组的初始化

二维数组的初始化通常是按行进行赋值的，但也可以按照在内存中的存放顺序进行顺序赋值。

(1)给全部元素赋初值。例如：

```
int x[2][4]={{1,2,3,4},{6,7,8,9}};
int x[2][4]={1,2,3,4,6,7,8,9};
int x[ ][4]={1,2,3,4,6,7,8,9};
```

第一种赋初值方式比较直观，第一个花括号内的数据赋给第一行的元素，第二个花括号内的数据赋给第二行的元素，即按行赋值；第二种赋初值方式将所有数据写在一个花括号内，按数组元素在内存中的排列顺序对各元素赋初值，采用这种赋初值方式时，定义数组可以不指定第一维的长度，但第二维的长度不能省略。

(2)给部分元素赋初值。例如：

```
int x[2][4]={{2},{1,2}};
```

它的作用是只对各行指定位置的元素赋初值，其余元素的初值自动赋为 0。初始化后数组各元素的值为：

```
2 0 0 0
1 2 0 0
```

也可以只对某几行赋初值。例如：

```
int x[3][4]={{2},{},{1,2}};
```

数组元素为：

```
2 0 0 0
0 0 0 0
1 2 0 0
```

或

```
int x[3][4]={{2},{1,2}};
```

数组元素为：

```
2 0 0 0
1 2 0 0
0 0 0 0
```

7.2.3　二维数组的引用

和一维数组类似，二维数组元素的引用也是通过数组名和下标。引用格式为：

数组名[下标][下标]

例如，$x[2][3]$ 表示数组中下标为第 2 行第 3 列的元素。引用二维数组时下标的表达方式和一维数组相同，也是从 0 开始顺序编号。

注意：和一维数组一样，在引用数组元素时，下标值不能超过已定义的数组大小。例如：

```
int x[2][3];      //定义 x 为 2 行 3 列的二维数组
x[2][3]=3;        //错误,不存在 x[2][3]的元素
```

例 7-5　输出一个 3 行 4 列的二维数组。
程序代码如下：

```
# include<stdio. h>
int main()
{
  int a[3][4];
  /* 按行输入数组元素的值 */
  for (m=0;m<3;m++)
    for (n=0;n<4;n++)
      scanf("%d",&a[m][n]);
  /* 按行输出数组元素的值 */
  for (m=0;m<3;m++)
    for (n=0;n<4;n++)
      {
        if(n%4==0)
          printf("\n");
        printf("%d",a[m][n]);
      }
}
```

程序的运行结果：

```
输入：
1 5 7 8 2 3 4 6 0 9 3 7
输出：
1 5 7 8
2 3 4 6
0 9 3 7
```

7.2.4　二维数组程序案例

例 7-6　打印输出以下的杨辉三角形（要求打印出 10 行）。

```
1
1  1
1  2  1
1  3  3  1
1  4  6  4  1
...
```

①题目要求打印的杨辉三角形的形状为等腰直角三角形，第 n 行有 n 个数；

②每行第一个元素都为 1；

③每行最后一个元素为 1；

④每行（第一行除外）除了第一列和最后一列外，其余的元素都满足：$a[i][j]=a[i-1][j-1]+a[i-1][j]$。

要打印 10 行，需要有计算和打印两个步骤。要计算杨辉三角形每个位置的元素，就需要用到上面找到的规律。先定义一个二维数组 $a[10][10]$，给第一行第一列这个元素赋值为 1(其他元素默认为 0)；然后利用循环将每行第一列的元素赋值为 1，其他元素利用 $a[i][j]=a[i-1][j-1]+a[i-1][j]$ 得出。

计算完毕后就可以打印输出了，设置外循环输出行、内循环输出列输出全部元素即可。

程序代码如下：

```c
# include<stdio.h>
main ()
{
    int a[10][10]={1};
    int i,j;
    //填充各个位置的值
    for(i=1;i<10;i++)
    {
        a[i][0]=1;
        for(j=1;j<=i;j++)
            a[i][j]=a[i-1][j-1]+a[i-1][j];
    }
    //打印杨辉三角形
    for(i=0;i<10;i++)
    {
        for(j=0;j<=i;j++)
            printf("%4d",a[i][j]);
        printf("\n");
    }
}
```

程序的运行结果：

```
1
1  1
1  2  1
1  3  3  1
1  4  6  4  1
1  5  10  10  5  1
1  6  15  20  15  6  1
1  7  21  35  35  21  7  1
1  8  28  56  70  56  28  8  1
1  9  36  84  126  126  84  36  9  1
```

例 7-7 求下列矩阵 a 的转置矩阵 b。

$$a=\begin{bmatrix} 1 & 2 & 3 \\ 4 & 5 & 6 \end{bmatrix}$$

将二维数组 a 的行元素和列元素互换后，存到另一个二维数组 b 中。a 的第 i 行

第 j 列的元素等于 b 的第 j 行第 i 列的元素。即，

$$b=\begin{bmatrix}1 & 4\\ 2 & 5\\ 3 & 6\end{bmatrix}$$

程序代码如下：

```
# include<stdio.h>
  void main()
  {
      int a[2][3]={1,2,3,4,5,6},b[3][2],i,j;
      printf("输出转置前的数组:\n");
      for(i=0;i<2;i++)
      {
        for(j=0;j<3;j++)
          {
              printf("%5d",a[i][j]);
              b[j][i]=a[i][j];
          } //行列互换
        printf("\n");
      }
      printf("输出转置后的数组:\n");
      for(i=0;i<3;i++)
      {
          for(j=0;j<2;j++)
              printf("%5d",b[i][j]);
          printf("\n");
      }
  }
```

7.3 字符数组

通过字符类型的学习，可以知道字符变量只能保存单个字符。如果要保存字符串"I am a Chinese"，就需要用到字符数组。C 语言中没有字符串类型，也没有字符串变量，字符串常量是需要存放在字符数组中的。

7.3.1 字符数组的定义

用来存放字符数据的数组是字符数组。在字符数组中，每一个元素用来存放一个字符。定义字符数组的方法和定义数值型数组的方法类似。一般形式为：

char 数组名[常量表达式];

例如，char c[5];

由于字符数据是以整数形式（ASCII 码）存放的，因此也可以用整型数组来存放字

符数据，例如：

```
char s[6];
```

或

```
int s[6]={'a'};        //合法,但浪费存储空间,一般不这样定义
```

7.3.2 字符数组的初始化

如果在定义数组时不进行数组初始化，则数组中各元素的值是不可预料的。如果初始化列表中的初值个数大于数组长度，则会出现语法错误；如果初值个数小于数组长度，后面剩余的元素就自动被初始化为空字符（即'\0'）。例如：

```
char a[6]={'C','h','i','n','a'};    //字符数组的长度为 6
```

以上定义了 *a* 为字符数组，包含 6 个元素，赋值以后数组的状态如图 7-5 所示。

a[0]	a[1]	a[2]	a[3]	a[4]	a[5]
C	h	i	n	a	\0

图 7-5 字符数组 a

如果提供的初值个数与预定的数组长度相同，定义时可以省略数组长度，系统会自动根据初值的个数确定数组长度。例如：

```
char a[]={'C','h','i','n','a'};    //长度为 5,系统自动定义,不需要人工去数
```

以上两个字符数组是不等价的，一定要注意区别。第一个字符数组包含 6 个元素，而第二个字符数组包含 5 个元素。

字符数组的初始化很简单，但是要注意：

元素的个数不能多于字符数组的大小，否则编译器会报错。例如：

```
char str[2]={'a','b','c'};      //错误
```

也可以用字符串为字符数组赋值。例如：

```
char a[]="China";
```

这里需要强调的是，上面的赋值语句等价于

```
char a[]={'C','h','i','n','a','\0'};    //字符串长度为 6
```

而不等价于

```
char a[]={'C','h','i','n','a'};    //长度为 5
```

这是因为在 C 语言中，字符串是作为字符数组来处理的。实际工作中，人们往往关心字符串的实际长度而非字符数组的长度。如定义一个字符数组长度为 50，而实际

存储的有效字符有可能只有 9 个，也就是字符串的实际长度只是 9。为了测定字符串的
实际长度，C 系统会在存储字符串时加一个字符串结束标志，用'\0'表示。若在一个字
符数组中前面 9 个元素都不是空字符，而第 10 个元素是空字符(\0)，则 C 语言认为
数组中有一个字符串，其有效字符数是 9 个。也就是说，在遇到字符'\0'时，表示字
符串结束，把它前面的字符组成一个字符串。

7.3.3　字符数组的输入和输出

字符数组的输入和输出有以下 3 种方法。

(1)用％c 对字符数组元素逐个输入、输出字符。例如：

```
# include<stdio. h>
  void main()
    {
    int i;
    char a[6];
    for(i=0;i<6;i++)
      scanf("%c",&a[i]);      //逐个输入字符数组中的元素
    for(i=0;i<6;i++)
      printf("%c",a[i]);      //逐个输出字符数组中的元素
    printf("\n");
  }
```

(2)用％s 对字符数组整体输入或输出字符串。例如：

```
# include<stdio. h>
  void main()
  {
    char a[6];
    scanf("%s",a);      //数组名代表数组的首地址
    printf("%s",a);
    printf("\n");
  }
```

程序的运行结果：

```
输入：
China✓
输出：
China
```

注意：

①scanf()函数的参数要求的是地址，而字符数组名就是数组的首地址，所以可以
直接用字符数组名进行操作。

②输出字符不包括结束符'\0'.

③用%s格式符输出字符串时，输出的项只能是字符数组名，不能是数组元素名。例如：

```
printf("%s\n",a[0]);    //错误
```

④用%s输入字符串时，遇空格、回车符、制表符结束输入，不能接收空格到数组中。例如：

```
char c1[6],c2[6];
scanf("%s%s",c1,c2);
```

输入：

```
a good book ☑
printf("%s  %s\n",c1,c2);
```

输出：a good

| c1 | a | \0 | 任意 | 任意 | 任意 | 任意 |
| c2 | g | o | o | d | \0 | 任意 |

⑤若一个字符数组中含有一个或多个"\0"，则遇到第一个"\0"时结束输出。例如：

```
# include<stdio.h>
void main()
{
    char a[10]={"Boy\0abc"};
    printf("%s",a);
    printf("\n");
}
```

输出结果：

```
Boy
```

（3）利用字符串输入和输出函数。

字符串输入函数 gets()的格式为：

```
gets(字符数组名);
```

函数的功能：将输入的字符串赋给字符数组。输入时，遇第一个回车符结束输入。可接收空格、制表符。

说明：

①gets()函数同 scanf()函数一样，在读入一个字符串后，系统自动在字符串后加上一个字符串结束标志'\0'。

②函数 gets()只能一次输入一个字符串。

例如，函数 gets() 与 scanf() 的区别。

```
# include<stdio. h>
void  main()
{
    char str1[20],str2[20];
    gets(str1);
    scanf("%s",str2);
    printf("str1:%s\n",str1);
    printf("str2:%s\n",str2);
}
```

输入：program　C✓　　　　输出：str1: program　C

　　　　program　C✓　　　　　　　str2：program

字符串输出函数 puts() 的格式：

```
puts(字符数组名);　　或　　puts(字符串);
```

函数的功能：输出字符数组或字符串的值，遇 '\0' 结束输出。

注意：

①puts() 函数一次只能输出一个字符串，输出字符串后自动换行，可以输出转义字符。

②printf() 函数可以同时输出多个字符串并且能灵活控制是否换行，所以 printf() 函数比 puts() 函数更为常用。

例如，函数 puts() 与 printf() 的区别。

```
# include<stdio. h>
void  main()
{
    char str1[ ]="student",str2[ ]="teacher";
    puts(str1);
    puts(str2);
    printf("%s",str1);
    printf("%s\n%s",str1,str2);
}
```

输出结果：

```
student
teacher
studentstudent
teacher
```

7.3.4　常用的字符串处理函数

在 C 语言中，除了输入/输出函数外，还有一些常用的专门进行字符串操作的函数。这些函数都被包含在 string.h 头文件中，下面逐一介绍这些函数的功能和用法。

1. 字符串连接函数

格式：strcat(字符数组 1，字符数组 2)；

作用：连接两个字符数组中的字符串，将字符数组 2 连接到字符数组 1 的后面，结果放在字符数组 1 中。例如：

```
char a[15]="Hello";
strcat(a," world");
printf("%s",a);
```

字符数组 1 的'\0'将被字符数组 2 覆盖，连接后生成的新字符串最后保留一个'\0'，在内存中的存储形式，如图 7-6 所示。

a	H	e	l	l	o	\0	\0	\0	\0	\0	\0	\0	\0	\0	\0
	␣	w	o	r	l	d	\0								
a	H	e	l	l	o		w	o	r	l	d	\0	\0	\0	\0

图 7-6　在内存中的存储形式

2. 字符串复制函数

格式：strcpy(字符数组 1，字符串 2)；

作用：将字符串 2 复制到字符数组 1 中。只复制第一个'\0'前的内容(含'\0')。例如：

```
char a[20]="Hello";
strcpy(a,"world");
printf("%s",a);
```

输出：

world

注意：字符串不能直接赋值给字符数组：

```
str1="china";//错误
str1=str2;  //错误
```

3. 计算字符串长度函数

格式：strlen(字符串)；

作用：返回字符串中有效字符的个数，不包括结束符'\0'。例如：

```
char  str[10]="abcdefgh";
printf("######%d\n",strlen(str));
```

输出：

######8

4. 字符串比较函数

格式：strcmp(字符串 1，字符串 2)；

作用：比较字符串 1 和字符串 2。例如：

```
printf("%d\n",strcmp("b","b"));   //输出 0
printf("%d\n",strcmp("b","f"));   //输出- 1
```

说明：

①字符串比较的结果为：

字符串 1＝＝字符串 2，函数返回值为 0。

字符串 1＞字符串 2，函数返回值为 1。

字符串 1＜字符串 2，函数返回值为－1。

②对两个字符串比较，不能用以下形式：

```
if(str1==str2)
    printf("yes");
```

而只能用：

```
if(strcmp(str1,str2)==0)
printf("yes");
```

5. 字符串处理函数

(1)strlwr(字符数组名)；

作用：将字符数组中的大写字母转换成小写字母。

(2)strupr(字符数组名)；

作用：将字符数组中的小写字母转换成大写字母。例如：

```
char a[20]="Hello";
printf("%s,%s",strlwr(a),strupr(a));
```

输出：

```
hello,HELLO
```

7.3.5 字符串应用案例

例 7-8　设计一种算法，把电文的明文加密之后变成密文，再利用解密函数对密文进行解密，显示出明文内容。

电文是一个字符串，加密的方法有很多种，这里采用将电文中的每个字符加上一个偏移值 2 的方法。以字符串"China"为例，字符'C''h''i''n''a'对应的密文分别为'E''j''k''p''c'。定义两个字符数组，分别用来保存明文和密文，用 while 循环实现程序的加密和解密。

程序代码如下：

```
# include<stdio.h>
# include<string.h>
int main()
{
int flag=1;
int i;
int count=0;
char mingwen[128]={'\0'};
char miwen[128]={'\0'};
while(1)
{
  if(flag==1)
  {
    printf("请输入要加密的明文:");
    scanf("%s",&mingwen);
    count=strlen(mingwen);
    for(i=0;i<count;i++)
        miwen[i]=mingwen[i]+2;
    miwen[i]='\0';
    /*输出密文信息*/
    printf("加密后的密文:%s\n",miwen);
  }
  else if(flag==2)
    {
        printf("请输入要解密的明文:");
        scanf("%s",&miwen);
        count=strlen(miwen);
        for(i=0;i<count;i++)
        mingwen[i]=miwen[i]-2;
        mingwen[i]='\0';
        /*输出明文信息*/
        printf("解密后的明文:%s\n",mingwen);
    }
    else if(flag==3)
        break;
        else
            printf("命令错误,请重新输入!\n");
printf("# # # # # # # # # # # # # \n");
printf("#  1、加密明文 # \n");
printf("#  2、解密密文 # \n");
printf("#  3、退出程序 # \n");
printf("# # # # # # # # # # # # # \n");
```

```
scanf("%d",&flag);
}
return 0;
}
```

习 题

程序设计题

1. 已知一个数组包含 10 个整数,求其中最大值和最小值,并输出。

2. 用选择法对 10 个整数排序。

3. 将一个数组中的值按逆序重新存放。例如,原来顺序为 3,6,1,8,10,7。重新排放以后为 7,10,8,1,6,3。

4. 已知一个 3 行 3 列的矩阵,输出其转置矩阵:

$$
\begin{matrix}
4 & 6 & 10 \\
8 & 6 & 9 \\
7 & 3 & 2
\end{matrix}
$$

5. 编写程序实现一个 5 行 5 列的魔方阵。魔方阵,古代又称为"纵横图",是指由自然数构成的方阵,它的每一行、每一列和对角线元素之和均相等。

6. 双色球是中国福利彩票的一种游戏规则,其彩票投注区分为红色球号码区和蓝色球号码区,每注投注号码由 6 个红色球号码和 1 个蓝色球号码组成。红色球号码从 1~33 中选择,蓝色球号码从 1~16 中选择。每期开出的红色球号码不能重复,但是蓝色球号码可以是红色球号码中的一个。要求编写程序模拟双色球的开奖过程,由程序随机产生 6 个红色球号码和 1 个蓝色球号码并把结果输出到屏幕上。

7. 输出二维数组 $a[5][6]$ 中每行元素的平均值和平均值最大的行号。

8. 输入 3 个字符串,要求找出其中最大的字符串。

9. 编写一个程序,将两个字符串连接起来,不使用 strcat() 函数。

10. 编写一个程序,将字符数组 S2 中的全部字符复制到字符数组 S1 中。不使用 strcpy() 函数。复制时 '\0' 也要复制过去,'\0' 后面的字符不复制。

11. 输入一行字符,统计其中有多少个单词,单词之间用空格分隔开。

第8章 复杂数据类型

除了第 6 章介绍的基本数据类型可以存储不同数据类型的单个数据，第 7 章介绍的数组类型可以存储相同数据类型的多个数据之外，在实际应用中可能还会碰到更加复杂的数据。在存储时就要考虑可能需要存储不同数据类型的多个数据，或者一些特殊数据等，因此需要构造一些复杂数据类型。本章将介绍 3 种新的构造类型：结构体类型、共用体类型、枚举类型。

8.1 结构体类型

有时需要保存的一个整体数据可能包括各种不同类型的数据，例如，一名学生的基本信息包含学号、姓名、性别、年龄、班级等；一本书籍的基本信息包含书号、书名、作者、出版社等。这些信息都是由若干数据项构成了一个内容的完整表达，任何一项单独拿出来就会失去其意义。处理这些信息时，它们属于同一个处理对象，却又具有不同的数据类型，如学号是整型，姓名是字符串，每当增加、删除或者查询学生信息时，需要处理这个学生的所有数据。因此，有必要把学生的这些数据定义成一个整体。C语言中给出了一种构造数据类型来处理这种情况，允许用户自己建立由不同类型数据组成的组合型的数据结构，称为结构体类型。

8.1.1 结构体类型的定义

结构体类型定义的一般形式：

```
struct 结构体名
{
成员表列
};
```

例如：

```
struct student
{
  int num;
  charname[20];
  char sex;
  int age;
  float score;
  char addr[30];
};
```

以上程序表示定义了一个结构体类型 student，该结构体类型包含若干个不同类型的简单变量。

说明：

(1)结构体类型并非只有一种，我们可以设计出许多种不同的结构体类型，各自包含不同的成员。

(2)其中的某个成员可以是另一个结构体类型的变量。

例如：

```
struct Date birthday
{
  int month;
  int day;
  int year;
};
```

该程序表示定义了结构体类型 Date birthday，其中包含 3 个成员。

```
struct student
{
  int num;
  char name[20];
  char sex;
  int age;
  struct Date birthday;
  char addr[30];
};
```

该程序表示定义了结构体类型 student，其中除了包含几个普通类型的成员之外，还包含了一个结构体类型的变量 Date birthday。

8.1.2　结构体变量的定义

和简单类型相同，结构体类型也是通过定义变量来使用的。

结构体类型变量的定义方法有如下 3 种。

1. 先声明结构体类型，再定义该类型的变量

前面已经定义了结构体类型 student，就可以使用这个类型来定义该类型的变量。

例如，struct student student1，student2；就使用结构体类型 student 定义了两个该类型的变量 student1 和 student2。

2. 在声明类型的同时定义变量

其一般格式为：

```
struct 结构体名
{
    成员表列
}变量名表列;
```

例如：

```
struct Student
{
  int num;
  char name[20];
  char sex;
  int age;
  float score;
  char addr[30];
}student1,student2;

struct Date birthday
{
  int month;
  int day;
  int year;
}birthday1,birthday2;
```

3. 不指定类型名而直接定义结构体类型变量

其一般格式为：

```
struct
{
    成员表列
}变量名表列;
```

例如：

```
  struct
  {
    int num;
    char name[20];
    char sex;
    int age;
    float score;
    char addr[30];
}student1,student2;

  struct
  {
    int month;
    int day;
    int year;
}birthday1,birthday2;
```

说明：

(1)结构体类型变量与结构体类型是不同的概念，不要混淆。只能对结构体类型变量赋值、存取或运算，而不能对一个结构体类型赋值、存取或运算，在编译时，对结构体类型是不分配空间的，只对结构体类型变量分配空间。

(2)结构体类型中的成员名可以与程序中的变量名相同，但二者不代表同一对象。

(3)对结构体类型变量中的成员(即"域")，可以单独使用，它的作用与地位相当于普通变量。

(4)在不指定类型名而直接定义结构体类型变量的情况下，虽然该变量可以正常使用，但是当希望再用该类型定义其他变量时就比较麻烦了，所以这种情况使用的比较少。

8.1.3 结构体类型变量的引用

对结构体类型变量的引用实际上是引用其成员的值，引用的一般格式为：

结构体类型变量名. 成员名

例如，已经定义了结构体类型变量 student1 和 birthday1，则 student1. num 和 birthday1. year 分别表示 student1 和 birthday1 变量中的成员 num 和 year，其中"."是成员运算符。在程序中，可以对结构体类型变量中的成员进行赋值，例如：

```
student1. num= 20220811001;
birthday1. year= 2022;
```

说明：

(1)如果结构体的成员本身又是一个结构体类型，则要用若干个成员运算符，一级一级地找到最低一级的成员。只能对最低级的成员进行赋值、存取及运算。

例如，student1. birthday. month= 6；

(2)对结构体类型变量中的成员可以像普通变量一样进行各种运算(根据其类型决定可以进行的运算)。

```
student2. score= student1. score;
sum= student1. score+ student2. score;
student1. age++;
```

(3)同类的结构体类型变量可以互相赋值。

```
student1= student2;
```

例 8-1 输出学生的基本信息，包括学号、姓名、性别、籍贯、出生年月。

程序代码如下：

```
# include<stdio. h>
struct student
{
    int num;
    char name[20];
    char sex;
```

```
   int age;
};
int main()
{
    struct student a＝{22010008,"Ma Ning",'M',21};//定义结构体变量时赋初值
    printf{"NO.:%ld\nname:%s\nsex:%c\nage:%d\n",a.num,a.name,a.sex,
    a.age;}
    return 0;
}
```

程序的运行结果：

```
NO.:22010008
Name:Ma Ning
sex:M
age:21
```

说明：本例中，在定义结构体类型变量 a 时直接对其元素赋了初值，叫作结构体类型变量的初始化。也可以通过输入语句对结构体类型变量的元素赋值。

8.1.4　结构体数组

在例 8-1 中输出的是一个学生的基本信息，所以可以使用一个结构体类型变量来保存。如果要输出全班 50 个同学的基本信息，就需要用到结构体数组来保存 50 个同学的信息。也就是用结构体数组来存放 50 个同学的信息，其中每个同学的信息是数组中的一个元素，也就是一个结构体类型变量，这样的数据结构叫作结构体数组。

1. 结构体数组的定义

定义结构体数组的一般形式是：

```
struct 结构体名
{
成员表列
}数组名[数组长度];
例如：
struct Person
{
    char name[20];
    int count;
}leader[3];
```

或者先声明一个结构体类型，然后再用此类型定义结构体数组。例如：

```
struct Person
{
    char name[20];
```

```
    int count;
}
struct Person leader[3];
```

2. 结构体数组的使用

结构体数组的使用与普通数组的使用类似，只是数组中的每一个元素是结构体类型的元素，对于访问到的每一个元素都需要按照结构体类型变量的使用要求来进行使用。

下面通过例子来说明结构体数组的使用。

例 8-2　有 N 个学生，每个学生的数据包括学号、姓名、3 门课程的成绩。要求从键盘输入 N 个学生的数据，输出所有学生的 3 门课程的平均成绩，并输出平均分大于 80 的所有学生的数据（包括学号、姓名、3 门课程的成绩和平均成绩）。

每个学生的数据包括学号、姓名、3 门课程的成绩，类型不完全相同，可用结构体类型变量来存放；由于有 N 个学生的数据，因此可以定义长度为 N 的结构体数组。在输出平均分大于 80 的学生数据之前需要找到这些满足条件的学生。

程序代码如下：

```
# include<stdio.h>
  struct stu
    {
      int num;
      char name[20];
      int score[4];
    };
  void main()
  {
    int i;
    struct stu s[5];      /*定义结构体数组*/
    printf("Input data:\n");
    for(i=0;i<5;i++)
    {
      scanf("%d%s%d%d%d",&s[i].num,&s[i].name,&s[i].score[0],&s[i].
      score[1],&s[i].score[2]);
      s[i].score[3]=(s[i].score[0]+s[i].score[1]+s[i].score[2])/3;
    }
    for(i=0;i<5;i++)
      printf("学号为%d的平均成绩为:%d\n",s[i].num,s[i].score[3]);
    for(i=0;i<5;i++)
      if(s[i].score[3]>80)
        printf("学号:%d,姓名:%s,平均成绩:%d\n",s[i].num,s[i].name,s[i].
        score[3]);
  }
```

程序的运行结果：

```
Input data:
20001lili 78 89 90
20002mali 87 76 90
20003duyu 90 78 67
20004geya 67 89 98
20005wumu 67 78 90
学号为 20001 的平均成绩为:85
学号为 20002 的平均成绩为:84
学号为 20003 的平均成绩为:78
学号为 20004 的平均成绩为:84
学号为 20005 的平均成绩为:78
学号:20001,姓名:lili,平均成绩:85
学号:20002,姓名:mali,平均成绩:84
学号:20004,姓名:geya,平均成绩:84
```

8.3　共用体类型

共用体类型又叫联合体类型，是与结构体类型类似的一种构造数据类型。其区别在于共用体类型中所有的成员共享一段内存存储空间，因此它可以提高空间的利用效率。

8.3.1　共用体类型的定义

共用体类型定义的一般形式为：

```
union　＜共用体类型名称＞
{
    数据类型　成员名 1；
    数据类型　成员名 2；
    ……
    数据类型　成员名 n；
};
```

其中"union"是保留字，是定义共用体类型的开始标志，成员列表包含若干个成员的说明，形式与结构体类型相同。每个成员都是该共用体的一个组成部分，对每个成员也必须做类型说明。例如，定义一个共用体类型 Data：

```
union Data
{
    int i;
    float f;
    char str[20];
};
```

共用体类型与结构体类型的定义形式相似，但它们的含义不同。共用体类型中的所有成员共享内存，因此共用体占用的空间大小等于要分配空间最大的一个成员的空间大小，它可以提高存储空间的利用效率，达到多个变量共享同一块存储空间的目的。例如，上面定义的 Data 共用体类型，其所有的成员共享一个空间，同一时间只有一个成员的值是有效的。Data 类型的变量可以用来存储一个整数、一个浮点数，或者一个字符串，这意味着一个变量（相同的内存位置）可以存储多个不同类型的数据。

8.3.2　共用体变量的定义和使用

1. 共用体变量的定义

与结构体类型变量一样，共用体变量也有 3 种不同的定义方式，假如要定义两个 Data 类型的共用体变量 $u1$ 和 $u2$，则可以采用以下 3 种方式。

（1）先定义共用体类型再定义共用体变量。

```
union Data
{
  int i;
  float f;
  char str[20];
};
union Data u1;      //定义了共用体变量 u1
```

（2）在定义共用体类型的同时定义共用体变量。

```
union Data
{
  int i;
  float f;
  char str[20];
}u1,u2;      //定义了共用体变量 u1,u2
```

（3）直接定义共用体变量。

```
union
{
  int i;
  float f;
  char str[20]
} u1,u2;
```

只有先定义了共用体变量才能在后续程序中引用它。共用体变量占用的内存应足够存储共用体中最大的成员。例如，在上面的代码中，Data 变量将占用 20 个字节的内存空间，因为在各个成员中，字符串所占用的空间 20 个字节是最大的。

2. 共用体变量的引用

共用体变量的引用方式与结构体类型变量类似，但两者是有区别的。在程序中，结构体类型变量中的所有成员是同时驻留在该结构体类型变量所占用的内存空间中，而共用体变量仅有一个成员驻留在共用体变量所占用的内存空间中。以下代码演示了共用体变量引用的方式：

```
union Data
{
    int m;
    float n;
    char c;
};
union Data a;
a.m=4;              // 引用共用体变量 a 中的成员 m 并为其赋值 4
```

注意： 对共用体变量的引用只能是引用共用体变量中的成员。

例 8-3 共用体变量的定义、引用及存储分配演示。

掌握共用体变量的使用方法，理解共用体的存储方式。

程序代码如下：

```
/* 共用体变量的定义、引用以及存储分配 */
# include<stdio.h>
typedef union Data
{
    int i;
    char c;
    float f;
}DATA;
int main()
{
    DATA x;
    printf("x 占用的内存空间为:%d 字节\n",sizeof(x));
    printf("x 的 i 成员首地址为:%p\n",&x.i);          //输出变量 x.i 的存储首地址
    printf("x 的 c 成员首地址为:%p\n",&x.c);          //输出变量 x.c 的存储首地址
    x.i=68;
    printf("x.i 的值为:%d\n",x.i);                    //输出成员变量 x.i 的值
    x.c='c';
    printf("对 x.c 赋值后 x.i 的值为:%d\n",x.i);      //输出成员变量 x.i 的值
    return 0;
}
```

程序中使用 typedef 给 union Data 定义了别名 DATA，然后用 DATA 定义了 1 个共用体变量 x，它分配到的存储空间大小等于其成员中占用存储空间最大的成员的存储大小，即 float 占用的存储大小为 4 个字节。变量的各成员分配的地址相同，即 x.i 的存储地址与 x.c 的存储地址相同。

程序首先为 x.i 赋值，又为 x.c 赋值，因为它们占用的是同一存储空间，所以在为

x.c 赋值前 x.i 的值为 68，而在 x.c 赋值后覆盖了前面的赋值，变为 99。

程序的运行结果：

```
x 占用的内存空间为：4 个字节
x 的 i 成员地址为：0012FF7c
x 的 c 成员地址为：0012FF7c
对 x.i 赋值后 x.i 的值为：68
对 x.c 赋值后 x.i 的值为：99
```

8.4　枚举类型

如果一个变量的取值只有几种固定的可能，则可以将其定义为枚举（enumeration）类型。顾名思义，"枚举"就是指把可能的取值都一一列举出来，变量的值只限于列举出来的范围内。

声明枚举类型用 enum 开头，格式为：

```
enum[枚举名]{枚举元素列表};
```

例如：

```
enum Weekday {Sun,Mon,Tues,Wed,Thur,Fri,Sat};
```

定义了一个枚举类型 Weekday，花括号中为这个类型所有可能的取值。Sun，Mon，……，Sat 被称为枚举元素或枚举常量。

定义枚举类型后，就可以使用该类型定义枚举变量了，枚举变量的取值只能是枚举常量中的一个。当然也可以不声明有名字的枚举类型，而直接定义枚举变量，例如：

```
enum Weekday work;
enum {Sun,Mon,Tues,Wed,Thur,Fri,Sat}workday,weekend;
```

说明：

（1）花括号里面的元素（枚举成员）是常量而不是变量，所以不能对它们赋值，只能将它们的值赋给其他的枚举变量。

（2）枚举变量只能用自身的枚举成员来赋值。以上面的例子来说，workday 和 weekend 只能用枚举成员 Sun、Mon、Tues、Wed、Thur、Fri、Sat 来进行赋值，而不能用其他数值来进行赋值。

（3）在没有显示说明的情况下，枚举常量（也就是花括号中的常量名）默认第一个枚举常量的值为 0，往后每个枚举常量依次递增 1。即在上例中，Sun 的值默认为 0，Mon 的值默认为 1，依次加 1，Sat 的值为 6。

下面通过例子来说明枚举类型的用法。

例 8-4　设某次体育比赛的结果有 4 种可能：胜（win）、负（lose）、平局（tie）、比赛取消（cancel），编写程序顺序输出这 4 种情况。

比赛结果只有 4 种可能，所以可以声明一个枚举类型来涵盖这 4 种可能，然后用该枚举类型的变量来存放比赛结果。

程序代码如下：

```
# include<stdio.h>
void main()
{
    int count;
    enum game {win,lost,tie,cancel};   //声明枚举类型
    enum game result;   //定义一个枚举变量 result 用来存放比赛结果
    for (count=win;count<=cancel;count++)
    {
        //强制类型转换：枚举类型可赋值给 int,但 int 不能赋值给枚举类型
        result= (enum game)count;
        if (result==cancel)
            printf("the game was cancelled\n");
        else
        {
            printf("the game was played\n");
            if (result==win)
                printf(" and we won!\n");
            else
                if (result==lost)
                    printf(" we were lost\n");
                else
                    printf(" the result was tie\n");
        }
    }
}
```

习　题

程序设计题

1. 定义学生信息结构体，录入学生信息，根据学生的学号顺序进行排序。

2. 口袋中有红、黄、蓝、白、黑 5 种颜色的球若干，每次从口袋中取出 3 个不同颜色的球，问有多少种取法。

3. 输入两个日期符合格式 YYYY 年 MM 月 DD 日，统计这两个日期之间（包括这两个日期）所有日期所对应的 8 位数里，有多少 3 的倍数。（两个日期的年份差不要大于 30 年）

4. 给定 $m \times n$ 的网格图，求该网格图中有多少长方形（长和宽不等），以及多少正方形。

5. 输入 N 个职工数据，每个职工包括编号、姓名、类型（t/g），若为干部要输入级别，若为教师，输入系别、职称，最后输出这些数据。

第 9 章　指针

在 C 语言中，一般的普通变量存储的都是数据。数据被储存在一定的内存空间里，存放这个变量数据的存储空间首地址，被称为该变量的地址。另外还有一种特殊的变量，它专门用于存放另一个变量的地址，被称为指针变量。

指针是 C 语言中具有代表性特征的功能之一。利用指针可以对内存中各种不同数据结构的数据进行快速处理，它也为函数间各类数据的传递提供了简捷便利的方法。正确熟练地使用指针可以编制出简洁明快、功能强和质量高的程序。

9.1　指针和指针变量

9.1.1　指针的基本概念

要搞清指针的概念，首先必须要清楚数据是如何存储在内存的，又是如何进行读取的。

在运行一个程序时，程序本身及其所用到的全部数据都要保存在计算机的内部存储器中。内部存储器由许多存储单元组成，这些存储单元又称为内存单元。在微机中，通常将 1 个字节(Byte)作为 1 个内存单元。为了正确地访问这些内存单元，必须对每个内存单元进行统一编号，根据每个内存单元的编号就能准确地找到该内存单元。

每个内存单元的编号称为该内存单元的地址。每个内存单元都有自己的地址，而且这个地址是唯一的。

程序内用到的所有变量，在程序运行的过程中，其值是可以改变的。在编译时，系统要为每个变量分配连续的内存单元，由于变量的数据类型不同，每个变量需要分配的内存单元数目也不同。例如，char 型变量需要分配 1 个内存单元，int 型变量可能需要分配连续的 2 个或 4 个内存单元，float 型变量需要分配连续的 4 个内存单元，而 double 型变量需要分配连续的 8 个内存单元。

当一个变量只占用一个内存单元时，则这个内存单元的地址就是该变量的地址；当一个变量占用连续的若干个内存单元时，则最前面的一个内存单元的地址就是该变量的地址，即该变量所占内存空间的起始地址，或称首地址。

对源程序进行编译时，每遇到一个变量，系统要为它分配内存单元，同时记录变量的名称、数据类型及其地址。

例如，有以下变量定义：

```
char c='t';
int i=10,j=20;
float d;
```

则系统为它们分配的内存单元如图 9-1 所示，并记录下相应的变量名、类型与地址，变量 c、i、j 和 d，数据类型分别为 char、int、int 和 float，地址分别为 2001、2002、2004 和 2006。

图 9-1　变量所占内存单元及地址

若在程序中有下列赋值语句：

```
j=i+j;
```

则实际操作过程是，在变量与地址对照表中首先找到变量 i，取出 i 的地址，参照它的数据类型 int，从该地址开始的连续两个内存单元中取出整数 10；按相同方法取出变量 j 中的整数 20，相加获得表达式的值。然后在变量与地址对照表中找到变量 j 的地址，将运算结果 30 存入对应 j 的地址开始的连续两个内存单元中。

从上述操作中可以看到，在进行存取的过程中，都需要通过变量名查找变量的地址，再从变量所对应地址的内存单元中获取数值或将数值存入变量所对应地址的内存单元中。由于地址起着寻找操作对象（数据）的导向作用，如同一个指向操作对象的指针，所以就把地址形象地称为指针。

9.1.2　指针变量

如前所述，变量的指针就是变量的地址。存储某个变量地址的变量，也就是存储某个变量指针的变量，称为指针变量，指针变量的值是某一个变量的地址值或指针值。指针和指针变量是两个不同的概念，严格地说，一个指针是指一个内存单元的地址，它是一个常量。用于存放指针的变量称为指针变量。因此，一个指针变量的值实际上是某个内存单元的地址。若一个指针变量存放了某个变量的地址，则它就指向了该变量。

1. 指针变量的定义

C语言规定所有变量在使用前必须定义，定义时需指定其数据类型，并按此分配内存单元。指针变量不同于整型变量和其他类型的变量，它是专门用来存放地址的，因此，必须将它定义为"指针类型"。例如：

```
int i,j;
int * pointer_1,* pointer_2;
```

第1行定义了两个整型变量 i 和 j，第2行定义了两个指针变量 pointer_1 和 pointer_2，它们是可以指向整型变量的指针变量。

指针变量定义的一般格式为：

```
数据类型 * 指针变量名；
```

说明：

(1)指针变量名符合标识符的命名规定，其前面须加"＊"号，这才表明这里所定义的是一个指针变量。

(2)定义格式中的数据类型可以是任何基本数据类型，也可以是复杂数据类型，如结构体类型、共用体类型等。要注意的是，这个数据类型不是指针变量中存放的数据类型，而是指针变量将要指向的变量的数据类型。也就是说，定义成某种数据类型的指针变量，将来只能用它来指向相同数据类型的变量。另外，一个指针变量只能指向同一类型的变量，不能忽而指向一个整型变量，忽而又指向一个实型变量。

2. 指针变量的初始化

指针变量的初始化是指在定义指针变量的同时对其赋初值。

指针变量的值是个地址值，该地址值就是指针变量所指向的变量的地址，而变量的地址可通过取地址运算符 & 来获得。

例如：

```
char c;
char * pc＝&c;
int a,b, * pa＝&a, * pb＝&b;
float f, * pf＝&f;
double x, * pd＝&x;
```

注意：这里变量 c、a、b、f、x 必须在指针变量初始化之前先定义，否则在指针变量进行初始化时将不能获取这些变量的地址。

3. 指针变量的引用

指针变量中只能存放地址(指针)，不要将一个整型量(或任何其他非地址类型的数据)赋给一个指针变量。例如，下面的赋值是不合法的：

```
pointer_1＝100;/* pointer_1 为指针变量,100 为整数* /
```

(1)引用方式。

在 C 语言程序中引用指针变量有多种方式，常见的有以下 3 种方式：

①给指针变量赋值。

给指针变量赋值的一般格式为：

```
指针变量名＝表达式；
```

其中，表达式必须是地址型表达式。例如：

```
int n, * pn;
pn＝&n;  /＊使指针变量 pn 指向变量 n＊/
```

②直接引用指针变量名。

当需要使用地址时，可直接引用指针变量名。例如，格式化输入函数 scanf( )中，必须通过输入变量的地址才能从键盘对其赋值，这时就可引用指针变量名来接受输入的数据，并存入它所指向的变量中。例如：

```
float d, f, * pd, * pf;
pd＝&d;   pf＝&f;
scanf ("%f,%f",pd,pf);        /＊使指针变量 pd、pf 接受输入数据并分别存放在变量 d、f
中＊/
```

③通过指针变量来引用它所指向的变量。

其一般格式为：

```
＊指针变量名
```

在程序中，"＊指针变量名"表示它所指向的变量。但这种方式要求指针变量必须预先赋有所指变量的地址值。例如：

```
int   x＝15,y, * px＝&x;
y＝ * px;         /＊由于 px 指向 x,故 * px 就是 x,结果 y 等于 15
```

这里，"y＝ * px;"就等价于"y＝x;"。

(2)指针变量运算符。

指针变量有两个运算符：

&：取地址运算符。

＊：指针运算符(或称"间接访问"运算符)。

例如，&a 为变量 a 的地址，* p 为指针变量 p 所指向的存储单元。

下面对这两个运算符做一些说明：

(1)设有定义语句：

```
int i, * pi;
```

若已执行了赋值语句：

```
pi＝&i;
```

则 & * pi 的含义是什么？"&"和"＊"两个运算符的优先级相同，且自右向左方向结合，因此先进行 * pi 的运算，它就是变量 i，再执行 & 运算。因此，& * pi 与 &i 相同，即变量 i 的地址，也就是 pi。

(2) * &i 的含义是什么？因为先执行 &i 运算，得到 i 的地址，再进行 * 运算，即 &i 所指的变量 i。故 * &i 与 * pi 是等价的，它们都是变量 i。

(3)i++相当于(* pi)++，因为(* pi)就是指针变量 pi 所指向的变量 i。

例 9-1　输入 a 和 b 两个整数，按先大后小的顺序输出 a 和 b。

```
void main()
{
    int *p1, *p2, *p,a,b;
```

```
    scanf("%d,%d",&a,&b);
    p1=&a;
    p2=&b;
    if(a<b)
    {
        p=p1;
        p1=p2;
        p2=p;
    }
    printf("\na=%d,b=%d\n\n",a,b);
    printf("max=%d,min=%d\n", * p1, * p2);
}
```

程序的运行结果：

```
5,9
a=5,b=9
max=9,min=5
```

当输入 $a=5$，$b=9$ 时，由于 $a<b$，将 $p1$ 和 $p2$ 交换。交换前的情况如图 9-2(a) 所示，交换后的情况如图 9-2(b) 所示。

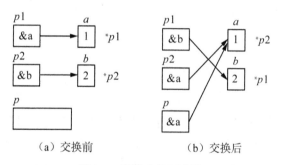

（a）交换前   （b）交换后

图 9-2 变量交换示意图

a 和 b 并未交换，它们仍保持原值，但 $p1$ 和 $p2$ 的值改变了。$p1$ 的值原为 &a，后来变成 &b，$p2$ 原值为 &b，后来变成 &a。这样在输出 $*p1$ 和 $*p2$ 时，实际上是输出变量 b 和 a 的值，所以先输出 9，然后输出 5。

这个问题的算法是不交换整型变量的值，而是交换两个指针变量的值（即 a 和 b 的地址）。

4. 指针变量作为函数参数

函数的参数不仅可以是整型、实型和字符型等数据，还可以是指针类型。它的作用是将一个变量的地址传送到另一个函数中，在另一个函数中接收到这个地址可以间接访问到地址所对应的空间并修改其中的内容，相当于修改了主调函数中这个地址对应的变量。

例 9-2 题目同例 9-1，即对输入的两个整数按大小顺序输出。

163

此例用函数处理，而且用指针类型的数据作函数参数。对照之前函数一章中介绍的 swap() 函数的按值传递方法，思考本例中的按址传递的参数传递方式的不同。

程序代码如下：

```
swap (int * p1, int * p2)
{
    int temp;
    temp= * p1;
    * p1= * p2;
    * p2=temp;
}
void main()
{
    int a,b;
    int * pointer_1, * pointer_2;
    scanf("%d,%d",&a,&b);
    pointer_1=&a;
    pointer_2=&b;
    if(a<b)
        swap(pointer_1,pointer_2);
    printf("\n%d,%d\n",a,b);
}
```

程序的运行结果：

```
5,9
9,5
```

说明：swap() 是用户定义的函数，它的作用是交换两个变量(a 和 b)的值。swap() 函数的两个形参 $p1$、$p2$ 是指针变量。程序运行时，首先执行 main() 函数，输入 a 和 b 的值(输入 5 和 9)。将 a 和 b 的地址分别赋给指针变量 pointer_1 和 pointer_2，使 pointer_1 指向 a，pointer_2 指向 b。其次执行 if 语句，由于 $a<b$，因此执行 swap() 函数。注意实参 pointer_1 和 pointer_2 是指针变量，在函数调用时，将实参变量的值传送给形参变量。采取的看起来依然是"按值传递"方式，但是因为传递的是地址值，所以实现了按址传递。因此虚实结合后，形参 $p1$ 的值为 &a，$p2$ 的值为 &b。这时 $p1$ 和 pointer_1 都指向变量 a，$p2$ 和 pointer_2 都指向变量 b。再次执行 swap() 函数的函数体，使 $*p1$ 和 $*p2$ 的值互换，也就是使 a 和 b 的值互换。函数调用结束后，$p1$ 和 $p2$ 不复存在(已释放)。最后在 main() 函数中输出的 a 和 b 的值已是经过交换的值($a=9$，$b=5$)。

注意：本例采取的方法是交换 a 和 b 的值，而 $p1$ 和 $p2$ 的值不变。这恰和例 9-1 相反。

可以看到，在执行 swap() 函数后，主调函数 main() 函数中的变量 a 和 b 的值改变了。这个改变不是通过将形参值传回实参来实现的，而是通过变量地址的传递来实现的。

　　思考：如果 swap() 函数的两个参数不是指针变量，而是两个整型变量，是否可以完成交换？如果 swap() 函数中用于交换的不是 $*p1$ 和 $*p2$，而是 $p1$ 和 $p2$，是否可以完成交换？

　　要通过函数调用来改变主调函数中某个变量的值，需要注意以下几点：

　　(1)在主调函数中，用该变量的地址或者指向该变量的指针变量作为实参；

　　(2)在被调函数中，用指针类型的形参来接受该变量的地址；

　　(3)在被调函数中，不改变形参的指向，改变形参所指向的变量的值。

　　利用指针变量作参数的这种特性，可以间接实现函数调用返回多个数值的功能。下面通过一个例子来说明。

　　例 9-3　输入年和天数，输出对应的年、月、日。

　　例如，输入 2000 和 61，输出 2000－3－1。

　　定义函数 month_day(year,yearday,* pmonth,* pday)，用 2 个指针变量作为函数的参数。

　　程序代码如下：

```
int main (void)
{
    int day,month,year,yearday;
    void month_day(int year,int yearday,int * pmonth,int * pday);
    printf("input year and yearday:");
    scanf ("%d%d",&year,&yearday);
    month_day (year,yearday,&month,&day);
    printf ("%d－%d－%d \n",year,month,day);
    return 0;
}
void month_day (int year,int yearday,int * pmonth,int * pday)
{
  int k,leap;
  int tab [2][13]={
      {0,31,28,31,30,31,30,31,31,30,31,30,31 },
      {0,31,29,31,30,31,30,31,31,30,31,30,31 },
  };
  /* 建立闰年判别条件 leap */
  leap= (year%4==0 && year%100 !=0) || year%400==0;

  for(k=1;yearday>tab[leap][k];k++)
    yearday －=tab [leap][k];
  * pmonth=k;
  * pday=yearday;
}
```

程序的运行结果：

```
2000 61
2000－3－1
```

说明：month_day()函数中的后两个参数 pmonth 和 pday 都是指针变量，接收主调函数 main()中 month 和 day 两个变量的地址，也就是分别指向了 month 和 day 这两个变量，因此在 month_day()函数中修改＊pmonth 和＊pday 的值，相当于修改这两个指针变量所指向的变量，也就是 month 和 day 的值，因此该函数调用结束后，主调函数 main()中的 month 和 day 的值已经被修改，相当于间接返回了月份和日这两个数据。

9.2 指针变量与数组

一个变量有地址，一个数组包含若干元素，每个数组元素都在内存中占用存储单元，它们都有相应的地址。指针变量既然可以指向变量，当然也可以指向数组和数组元素，即把数组起始地址或某一元素的地址存放到一个指针变量中。所谓数组的指针是指数组的起始地址，数组元素的指针是数组元素的地址。

引用数组元素可以用下标法，如 a[3]。也可以用指针法，即通过指向数组元素的指针找到所需的元素。使用指针法能使目标程序质量高，占内存少，运行速度快。

9.2.1 指向数组元素的指针变量

定义一个指向数组元素的指针变量的方法，与之前介绍的指向变量的指针变量相同。例如：

```
int a[10];  /*定义 a 为包含 10 个整型数据的数组＊/
int ＊p;  /*定义 p 为指向整型变量的指针变量＊/
```

要注意，若数组为 int 型，则指针变量亦应指向 int 型。下面是对该指针变量赋值数组元素的地址：

```
p＝&a[0];
```

把 a[0]元素的地址赋给指针变量 p，也就是说 p 指向数组 a 的第 0 号元素。

C 语言规定数组名代表数组的首地址，也就是第 0 号元素的地址。因此，下面两个语句等价：

```
p＝&a[0];
p＝a;
```

注意数组 a 不代表整个数组，上述"p＝a;"的作用是"把数组 a 的首地址赋给指针变量 p"，而不是"把数组 a 各元素的值赋给 p"。

在定义指针变量时可以同时进行初始化，赋给初值：

```
int *p=&a[0];
```

在执行效果上它与下列语句效果相同：

```
int *p;
p=&a[0]; /*注意,不是*p= &a[0];*/
```

当然定义时也可以直接写成

```
int *p=a;
```

它的作用是将数组 a 的首地址，即 $a[0]$ 的地址赋给指针变量 p，而不是赋给 $*p$。

9.2.2 通过指针引用数组元素

假设 p 已被定义为指针变量，并且已给它赋值了一个数组元素的地址，使它指向某一个数组元素。如果有以下赋值语句：

```
*p=1;
```

它表示对 p 指针变量当前所指向的数组元素赋予一个数值 1。

按 C 语言的规定，若指针变量 p 已指向数组中的一个元素，则 $p+1$ 指向同一数组中的下一个元素，而不是将 p 值简单地加 1。例如，数组元素是 folat 类型，每个元素占 4 个字节，则 $p+1$ 意味着使 p 的值，也就是 p 中存储的地址加 4 个字节，以使它指向下一个元素。$p+1$ 所代表的地址实际上是 $p+1×d$，d 是一个数组元素所占的字节数。对于整型数组，则 $d=2$ 或 4；对于实型数组，则 $d=4$ 或 8；对于字符型数组，则 $d=1$。

引用一个数组元素，可以用下面两种方法：

(1)下标法，如 $a[i]$ 形式。

(2)指针法，如 $*(a+i)$ 或 $*(p+i)$。其中 a 是数组名，p 是指向数组的指针变量，其初值 $p=a$。

例 9-4 输出数组中的全部元素。

假设有一个 a 数组，整型，有 10 个元素。要输出各元素的值有 3 种方法：

方法 1：下标法。

程序代码如下：

```
void main()
{
    int a[10];
    int i;
    for(i=0;i<10;i++)
        scanf("%d",&a[i]);
    printf("\n");
    for(i=0;i<10;i++)
        printf("%d",a[i]);
}
```

方法 2：通过数组名计算数组元素地址，找出元素的值。

程序代码如下：

```
void main()
{
    int a[10];
    int i;
    for(i=0;i<10;i++)
        scanf("%d",a+i);
    printf("\n");
    for(i=0;i<10;i++)
        printf("%d",*(a+i));
}
```

方法 3：用指针变量指向数组元素。

程序代码如下：

```
void main()
{
    int a[10];
    int *p,i;
    for(i=0;i<10;i++)
        scanf("%d",&a[i]);
    printf("\n");
    for(p=a;p<(a+10);p++)
        printf("%d",*p);
}
```

以上 3 个程序的运行结果均为：

```
1 2 3 4 5 6 7 8 9 0
1 2 3 4 5 6 7 8 9 0
```

对 3 种方法的比较：

(1)例 9-4 的第 1 和第 2 种方法执行效率是相同的。C 编译系统是将 $a[i]$ 转换为 $*(a+i)$ 处理的，即先计算元素地址。因此用第 1 和第 2 种方法找数组元素费时较多。

(2)第 3 种方法比前两种方法快，用指针变量直接指向数组元素，不必每次都重新计算地址，像 $p++$ 这样的自加操作是比较快的。这种有规律地改变地址值 $p++$ 能大大提高执行效率。

(3)用下标法比较直观，能直接知道是第几个元素。例如，$a[5]$ 是数组中下标为 5 的元素(注意下标从 0 算起)。用地址法或指针变量的方法不直观，难以很快地判断出当前处理的是哪一个元素。例如，例 9-4 第 3 种方法所用的程序，要仔细分析指针变量 p 的当前指向，才能判断当前输出的是第几个元素。

9.2.3　指向一维数组的指针变量

当定义了一维数组和同类型的指针变量后，若使指针变量指向一维数组，可使用下列的方法：

(1)在定义了一维数组后，对指针变量初始化。

例如：

```
int a[20], *pa=a;
```

(2)在程序中采用赋值方式。

格式为：

```
指针变量=数组名；
```

例如：

```
int a[20], *pa;
pa=a;
```

(3)在程序中将数组的首元素的地址赋给指针变量。

例如：

```
int a[20], *pa;
pa=&a[0];
```

应当注意，数组的首元素地址就是存放该数组的起始地址，即 a 与 $\&a[0]$ 是等价的。

实际上，指针变量可以指向任意数组元素 $a[i]$，只要将 $a[i]$ 的地址赋予指针变量即可。

例如：

```
pa=&a[i];
```

所以，把数组首地址赋值给指针变量，这样生成的指向一维数组的指针变量，其实也是指向第一个数组元素而已，与指向其他数组元素的指针变量是类似的。

例 9-5　使用指向一维数组的指针变量来计算两个一元多项式的相加结果。

程序代码如下：

```
# include<stdio.h>
# include<stdlib.h>
# define N 5      //求两个一元多项式的相加结果,设最高次幂为 N-1
int main()
{
    int a[N]={0,1,3,5,6};
//数组下标为 i 的元素表示 x^i 项的系数,第一个多项式为 x+3x^2+5x^3+6x^4
    int b[N]={1,3,0,1,0};         //第二个多项式为 1+3x+x^3+4x^4
    int *p1, *p2;                 //定义两个指针变量 p1,p2,准备分别指向一维数组 a 和 b
```

```
        int sum[N]={0};
        int i;
        for(p1=a,p2=b,i=0;p1<=&a[N-1]&&p2<=&b[N-1]&&i<N;p1++,p2++,
i++)
    // *p1和*p2分别表示当前指向的地址中的值,p1++和p2++指向数组中的下一个元素的
地址
        {
            sum[i]=*p1+*p2;
        }
        printf("两个多项式相加的结果为");    //输出两个多项式的相加结果
        for(i=0;i<N;i++)
        {
            if(i==0)
            {
              printf("%dx^%d",sum[i],i);
            }
            else
            {
              printf("+%dx^%d",sum[i],i);
            }
        }
        return 0;
}
```

在本例中,使用了两个分别指向不同一维数组的指针变量 $p1$ 和 $p2$,计算并输出了两个多项式的相加结果。数组 a 和数组 b 是分别存储两个一元多项式系数的一维数组,移动 $p1$、$p2$ 两个指针变量使得数组中的各个元素值,也就是其中存储的一元多项式系数分别相加,得到最终计算结果多项式的系数并输出该多项式。使用指针变量操作一维数组中元素和直接通过数组名和下标操作数组中的元素是一样的,$a[i]$ 和 $*(p+i)$ 都表示数组中的第 $i+1$ 个元素,可以通过指针变量来获取、修改数组中元素的值。

思考:指针变量 p 是否可以真的指向一个一维数组 a 的空间,在使用 $p+1$ 时可以增加整个数组空间的大小,直接跳转到 a 数组后面的空间位置?如果有,应该如何定义这样的指针变量呢?这个问题在指针进阶部分还会跟大家继续讨论。

9.3　指针变量与字符串

前面曾介绍过,字符串通常存放在字符型数组中。如果定义一个字符型指针变量,使它指向字符数组的首地址,则可以使用该字符指针变量来处理字符数组中存放的字符串,也可以很方便地处理字符串中的单个字符。

9.3.1 指向字符串常量的指针变量

通常将 char 型指针变量称为字符指针变量，可以存储一个字符的地址，也就是可以指向一个字符。而字符串常量是由多个字符组成的，可以被看作一个特殊的一维字符数组，在内存中连续存放。实质上，字符串常量就是一个指向该字符串首字符的指针常量。若使指针变量指向字符串常量，其实就是将字符串常量的首地址赋值给指针变量，因此可以定义一个字符指针变量来存放这个地址，其实也就是存放这个指向该字符串首字符的指针常量，也就是指向了该字符串常量。它一般可以有如下两种方法：

1. 对字符指针变量进行初始化

其一般格式为：

```
char *指针变量=字符串常量;
```

例如：

```
char *pc="string";
```

注意：一个字符串常量对应的就是该字符串存放的首地址，所以将其初始化赋值给前面的字符指针变量 pc，其实就是将其首地址写入该字符指针变量 pc 中，也就是让 pc 指向了该字符串，或者说指向了该字符串的第一个字符's'。

2. 给字符指针变量赋值

先定义一个字符指针变量，然后通过赋值的方式将字符串常量赋值给它，也就是将字符串常量的首地址赋值给它。其一般格式为：

```
char *指针变量;
指针变量=字符串常量;
```

例如：

```
char *pc;
pc="string";
```

这时字符指针变量 pc 中的内容就是该字符串常量的首地址，也可以说字符指针变量 pc 就指向了该字符串常量。

9.3.2 字符指针变量的使用

当一个字符指针变量指向某个字符串常量后，就可以利用该字符指针变量来处理这个字符串。主要有两种处理方式：

1. 整体处理字符串

输出字符串：

```
printf("%s",指针变量);或 puts(指针变量);
```

从指针变量所指向的字符串的第一个字符开始输出，直到碰到字符串的结束标志'\0'，结束输出。

输入字符串：

```
scanf("%s",指针变量);或 gets(指针变量);
```

从键盘陆续接收字符串的每一个字符并依次存放到指针变量所指向的空间中，直到字符串输入结束为止。

注意：要求该字符指针变量必须已经指向了某一个字符数组空间，保证有连续空间可以用来存放该字符串。

例如：

```
char * s;
scanf("%s",s);
```

直接如上使用字符指针变量来接收字符串会出现问题，没有接收空间可以使用，*s* 指针变量目前没有设定指向什么位置。需要修改为如下代码：

```
char * s,str[20];
s=str;
scanf("%s",s);
```

此时的字符指针变量是指向 str 数组空间的，因此可以用来接收字符串并存放到该数组空间中。为了保证不出现字符指针变量没有指向合适的空间导致使用时出现问题，一般建议在定义指针变量时，先将它的初值置为空，这样就不会出现异常指向问题。

```
char * s=NULL;
```

2. 处理字符串中的单个字符

引用第 i 个字符的格式为：

```
* (指针变量+i)
```

也可以让指针变量 p 不断+1 移动到下一个字符位置，用 $*p$ 访问当前位置的字符。

例 9-6 在一个字符串中查找指定字符'e'。

程序代码如下：

```
void main()
{
    char * ps="Welcome Beijing";
    int flag=0;
    while(* ps !='\0')
    {
        if(* ps=='e')
        {
```

```
            flag=1;
            break;
        }
        else
            ps++;
    }
    if(flag)
        printf ("There is a 'e' in the string\n");
    else
        printf ("There is no 'e' in the string\n");
}
```

程序的运行结果：

```
There is a 'e' in the string
```

思考：这个字符串中有不止一个字符'e'，能否修改代码，分别完成如下任务：

(1)找到并输出第一个字符'e'的位置；

(2)找到并输出每一个字符'e'的位置；

(3)找到并输出最后一个字符'e'的位置。

9.3.3 指向字符数组的指针变量

当一个字符串已经存放在一个字符数组中时，只要将该字符数组的首地址赋予一个字符指针变量，则这个字符指针变量就指向了该字符数组，并可使用字符指针变量来处理存放在字符数组中的字符串，也可以处理字符串中的单个字符。

例 9-7 用字符指针变量将字符串 a 复制为字符串 b。

程序代码如下：

```
void main()
{
    char a[ ]="I am a boy.",b[20], * p1, * p2;
    int i;
    p1=a;
    p2=b;
    for(; * p1!='\0';p1++,p2++)
        * p2= * p1;
    * p2='\0';
    printf ("string a is:%s\n",a);
    printf ("string b is:");
    for(i=0;b[i]!='\0';i++)
        printf("%c",b[i]);
    printf("\n");
}
```

程序的运行结果：

```
string a is:I am a boy.
string b is:I am a boy.
```

说明： $p1$、$p2$ 是字符指针变量，都可以指向字符型数据。先使 $p1$ 和 $p2$ 的值分别为字符串 a 和 b 的首地址。$*p1$ 最初的值为'I'，赋值语句"$*p2=*p1$;"的作用是将字符'I'(a 字符串中第 1 个字符 $a[0]$)赋给 $p2$ 所指向的元素，即 $b[0]$。然后 $p1$ 和 $p2$ 分别加 1，指向其下面的一个元素，直到 $*p1$ 的值为'\0'停止，从而完成了将字符串 a 中的所有字符移动到字符串 b 中的操作。注意 $p1$ 和 $p2$ 的值是不断在改变的，程序必须保证使 $p1$ 和 $p2$ 同步移动。

思考： 字符指针变量与字符数组的区别。

9.3.4　字符串指针作函数参数

将一个字符串从一个函数传递到另一个函数，可以用地址传递的办法，即用字符数组名作参数或用指向字符串的指针变量作参数。在被调函数中可以改变字符串的内容，在主调函数中可以得到改变了的字符串。

例 9-8　用函数调用实现字符串的复制。

(1)用字符数组作参数。

程序代码如下：

```
void copy_string(char from[ ],char to[ ])
{
    int i=0;
    while(from[i]!='\0')
    {
        to[i]=from[i];
        i++;
    }
    to[i]='\0';
}
void main()
{
    char a[ ]="I am a teacher.";
    char b[ ]="you are a student.";
    printf("string a=%s\nstring b=%s\n",a,b);
    copy_string(a,b);
    printf("\nstring a=%s\nstring b=%s\n",a,b);
}
```

程序的运行结果：

```
string_a=I am a teacher.
string_b=you are a student.
string_a=I am a teacher.
string_b=I am a teacher.
```

说明：a 和 b 是字符数组。copy_string()函数的作用是将 from[i]赋给 to[i]，直到 from[i]的值是'\0'为止。在调用 copy_string()函数时，将 a 和 b 的首地址分别传递给形参数组 from 和 to。因此 from[i]和 a[i]是同一个单元，to[i]和 b[i]是同一个单元。程序执行完以后，由于数组 b 原来的长度大于数组 a，因此将数组 a 复制到数组 b 后，未能全部覆盖数组 b 原有内容。数组 b 最后 3 个元素仍保留原状。在输出数组 b 时由于按%s(字符串)输出，遇'\0'即告结束，因此第一个'\0'后的字符不输出。如果不采取%s 格式输出而采用%c 逐个字符输出是可以输出后面这些字符的。

在 main()函数中也可以不定义字符数组，而用字符型指针变量。main()函数可改写如下：

```
void main()
{
    char * a="I am a teacher.";
    char * b="you are a student.";
    printf("string a=%s\nstring b=%s\n",a,b);
    copy_string(a,b);
    printf("\nstring a=%s\nstring b=%s\n",a,b);
}
```

此程序的运行结果与上面程序的运行结果相同。

(2)用字符指针变量作形参。

程序代码如下：

```
void copy_string(char * from,char * to)
{
    for(; * from!='\0';from++,to++)
        * to= * from;
    * to='\0';
}
void main()
{
    char * a="I am a teacher.";
    char * b="you are a student.";
    printf("\nstring a=%s\nstring b=%s\n",a,b);
    copy_string(a,b);
    printf("\nstring a=%s\nstring b=%s\n",a,b);
}
```

此程序的运行结果与(1)程序的运行结果相同。

说明：形参 from 和 to 是字符指针变量。它们相当于例 9-6 中的 $p1$ 和 $p2$，算法也与例 9-6 完全相同。在调用 copy_string()函数时，将数组 a 的首地址传给 from，把数组 b 的首地址传给 to。在函数 copy_string()的 for 循环中，每次将 * from 赋给 * to，第一次就是将数组 a 中第 1 个字符赋给数组 b 的第 1 个字符。在执行 from++和 to++以后，

from 和 to 就分别指向 $a[1]$ 和 $b[1]$。再执行 * to= * from，就将 $a[1]$ 赋给 $b[1]$ ……最后将 '\0' 赋给 * to，注意此时 to 指向哪个单元。

9.4 指针变量与结构体

结构体指针变量是一个指向结构体变量的指针变量，指向的结构体变量的起始地址就是这个结构体指针变量的值。如果把一个结构体变量的起始地址存放在一个指针变量中，那么，这个指针变量就称为指向该结构体变量的结构体指针变量。

9.4.1 指向结构体变量的指针变量

在定义结构体指针变量之前需要先定义所指向的结构体类型，例如，下列语句定义了一个结构体类型。

```
struct student
{
    int num;
    char name[20];
    char sex;
    int age;
};
```

定义了结构体类型以后就可以定义结构体变量和指向该结构体变量的指针变量，通过指针变量来引用该结构体变量中的元素。引用方式为"指针名－＞成员变量名"，表示访问该指针变量所指向的结构体变量中的成员，"－＞"称为指向运算符。
例如：

```
struct student s;        //定义结构体变量 s
struct student * p;      //定义结构体指针 p
p＝&s;                   //p指向结构体变量 s
p－＞num;
p－＞name;
p－＞sex;
p－＞age;                //访问结构体变量 s 中的成员 num,name,sex,age
```

下面通过例子来理解结构体指针变量的使用。

例 9-9 将例 8-1 用结构体指针变量来实现。

在已有题的基础上，本题要解决的关键问题是，如何通过指向结构体变量的指针变量访问结构体变量中的成员。

程序代码如下：

```
# include<stdio.h>
struct student
{
```

```
        int num;
        char name[20];
        char sex;
        int age;
    };
    int main()
    {
        struct student a={22010008,"Ma Ning",'M',21};    //定义结构体变量时赋初值
        struct student * p;                               //定义结构体指针变量 p
        p=&a;                                             //结构体指针变量 p 指向结构
                                                            体变量 a
        printf("NO.:%ld\nname:%s\nsex:%c\nage:%d\n",p->num,p->name,p->
sex,p->age);
        return 0;
    }
```

程序的运行结果：

```
NO.:22010008
Name:Ma Ning
sex:M
age:21
```

9.4.2　指向结构体数组的指针变量

可以用指针变量指向结构体数组中的每一个结构体元素。

例 9-10　将例 8-2 用指针变量实现。

程序代码如下：

```
# include<stdio.h>
struct stu
{
    int num;
    char name[20];
    ints core[4];
};
void main()
{
    int i;
    struct stu s[5];        //定义结构体数组
    struct stu * p;         //定义结构体指针变量
    p=s;                    //p 指针变量指向结构体数组 s
    printf("Input data:\n");
    for(i=0;i<5;i++,p++)
    {
```

```
        scanf("%d%s%d%d%d",&p—>num,p—>name,&p—>score[0],&p—>
        score[1],&p—>score[2]);
        p—>score[3]=(p—>score[0]+p—>score[1]+p—>score[2])/3;
    }
    for(p=s,i=0;i<5;i++,p++)
        printf("学号为%d的平均成绩为:%d\n",p—>num,p—>score[3]);
    for(p=s,i=0;i<5;i++,p++)
        if(p—>score[3]>80)
            printf("学号:%d,姓名:%s,平均成绩:%d\n",p—>num,p—>name,p—>
            score[3]);
}
```

程序的运行结果:

```
Input data:
20001lili 78 89 90
20002mali 87 76 90
20003duyu 90 78 67
20004geya 67 89 98
20005wumu 67 78 90
学号为 20001 的平均成绩为:85
学号为 20002 的平均成绩为:84
学号为 20003 的平均成绩为:78
学号为 20004 的平均成绩为:84
学号为 20005 的平均成绩为:78
学号:20001,姓名:lili,平均成绩:85
学号:20002,姓名:mali,平均成绩:84
学号:20004,姓名:geya,平均成绩:84
```

程序的运行结果和例 8-2 相同。

说明:第一个 for 循环的作用是依次输入结构体数组中每一个元素的值,初始时 p 指针变量指向结构体数组的第一个元素,执行一次 for 循环,指针 $p+1$,表示向下移一个位置,即指向下一个元素,如图 9-3 所示。

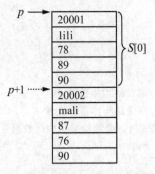

图 9-3 指向结构体数组的指针变量

习　题

程序设计题

1. 在数组中查找指定元素。输入一个正整数 n（$1 \leqslant n \leqslant 10$），然后输入 n 个整数存入数组 a 中，再输入一个整数 x，在数组 a 中查找 x，如果找到则输出相应的下标；否则输出"Not found"。

要求定义并调用函数 search(list, n, x)，它的功能是在数组 list 中查找元素 x，若找到则返回相应下标，否则返回 -1。

2. 定义函数 void sort(int a[ ], int n)，用选择法对数组 a 中的元素进行升序排列。自定义 main() 函数，在其中输入一个正整数 n（$1 \leqslant n \leqslant 10$），然后输入 n 个整数存入数组中，并调用 sort() 函数。

3. 实现数组元素的插入。定义函数，对输入的 N 个数进行排序，并实现数字的插入操作，输入 N 个数及一个待插入的数字，将插入数字后的数字集合按照从小到大的顺序输出。

4. 输入一个字符串 s，再输入一个字符 c，将字符串 s 中出现的所有字符 c 删除。要求定义并调用函数 delchar(s, c)，它的功能是将字符串 s 中出现的所有字符 c 删除。

5. 编写程序判断输入的一串字符是否为"回文"字符串。所谓"回文"字符串，是指顺读和倒读都一样的字符串。如"XYZYX"和"xyzzyx"都是"回文"字符串。

6. 给定一个字符串，按单词将该字符串逆序，如给定"I like C program"，则输出是"program C like I"，为了简化问题，字符串中不包含标点符号。

7. 输入一些字符，统计数字字符、字母字符及其他字符在字符串中所占的百分比。提示：请使用 cytpe. h 头文件中定义的字符分类函数。

第 10 章　函数与程序结构

10.1　函数的嵌套调用和递归调用

函数的调用已经十分熟悉了，但是前面学习的函数都是在主函数中被调用的。在 C 语言中，函数虽然不允许嵌套定义，但是可以在一个函数的定义中调用其他函数，这称为函数的嵌套调用。如果在函数定义时调用函数自身，那么就称为函数的递归调用。如果函数直接调用自己，那么被称为直接递归；若函数间接调用自己则称为间接递归。

10.1.1　函数的嵌套调用

例 10-1　在算术打印 arith_print()函数中，通过调用 add(两数相加)、subtraction (两数相减)、multipliction(两数相乘)、division(两数相除)函数，打印输出相应的算术运算结果。

程序代码如下：

```
# include<stdio.h>
double add(double a,double b)
{
    return a+b;
}
double subtraction(double a,double b)
{
    return a-b;
}
double multipliction(double a,double b)
{
    return a*b;
}
double division(double a,double b)
{
    return a/b;
}
void arith_print(double a,double b)
{
    printf("%f+%f 的值为%f\n",a,b,add(a,b));
    printf("%f-%f 的值为%f\n",a,b,subtraction(a,b));
    printf("%f*%f 的值为%f\n",a,b,multipliction(a,b));
    printf("%f/%f 的值为%f\n",a,b,division(a,b));
}
int main()
```

```
{
    double a=10.0,b=2.0;
    arith_print(a,b);
    return 0;
}
```

程序的运行结果：

```
10.000000+2.000000 的值为 12.000000
10.000000-2.000000 的值为 8.000000
10.000000 * 2.000000 的值为 20.000000
10.000000/2.000000 的值为 5.000000
```

说明： 在该例题中，main()函数作为程序的入口，首先分别定义了两个变量 a 和 b，紧接着调用了 arith_print()函数，将值为 10.0 的实参 a 和值为 2.0 的实参 b 分别传递给了 arith_print()函数的形参 a 和 b；在 arith_print()函数中，将值为 10.0 的实参 a 和值为 2.0 的实参 b 分别传递给了 add()、subtraction()、multipliction()、division()4 个函数的形参 a 和 b，并将这 4 个函数的返回值直接进行了打印输出。

因此，在本例题中，首先是 main()函数调用了 arith_print()函数，紧接着 arith_print()函数调用了 add()、subtraction()、multipliction()、division()这 4 个函数，就形成了函数的嵌套调用。

10.1.2　函数的递归调用

前面曾提到，递归调用分为直接调用和间接调用，两者的区别如图 10-1 所示。

函数直接调用	函数间接调用	
int f(int x)	int f(int x)	int g(int x)
{	{	{
int y;	int y;	int z;
————	————	————
y=f(x)	y=g(x)	z=f(x)
————	————	————
return y;	return y;	return z;
}	}	}

图 10-1　函数递归调用的两种形式

图 10-1 中，f()函数的内部调用了 f()函数自己，称为直接调用；而在 f()函数内部调用了 g()函数，g()函数内部又调用了 f()函数，这种调用方式称为间接调用。

不难发现，两种方式都会有一个问题，就是会一直无限调用下去出现死循环。那么应该如何控制递归调用来实现自己的目的而不会死循环呢？在例 10-2 中给出了控制方法。

例 10-2　编写递归函数 fact()，fact()函数用于求正整数 k 的阶乘并作为返回值返回。

程序代码如下：

```
# include<stdio. h>
int fact(int k)
{
    if(k==1)
        return 1;
    else
        return k * fact(k-1);
}
int main()
{
    int a=5;
    printf("%d 的阶乘=%d\n",a,fact(a));
    return 0;
}
```

程序的运行结果：

```
5 的阶乘=120
```

说明： 本例题中，在 main()函数中调用函数 fact(5)，并将结果进行了打印输出。具体的调用过程如下：

调用 fact(5)函数：经过判断返回值为 5 * fact(4)，也就是 fact(5)=5 * fact(4)；需要调用 fact(4)函数，此时 fact(5)函数并没有结束调用，因为还没得到确切的返回值。

调用 fact(4)函数：经过判断返回值为 4 * fact(3)，也就是 fact(4)=4 * fact(3)；需要调用 fact(3)函数，此时 fact(5)和 fact(4)函数并没有结束调用，因为还没得到确切的返回值。

调用 fact(3)函数：经过判断返回值为 3 * fact(2)，也就是 fact(3)=3 * fact(2)；需要调用 fact(2)函数，此时 fact(5)、fact(4)、fact(3)函数并没有结束调用，因为还没得到确切的返回值。

调用 fact(2)函数：经过判断返回值为 2 * fact(1)，也就是 fact(2)=2 * fact(1)；需要调用 fact(1)函数，此时 fact(5)、fact(4)、fact(3)、fact(2)函数并没有结束调用，因为还没得到确切的返回值。

调用 fact(1)函数：经过判断返回值为 1，也就是 fact(1)=1；当调用 fact(1)函数返回 1 时，便能逐步返回，一直到 fact(5)函数。

fact(1)=1；得到返回值，fact(1)函数结束。

fact(2)=2 * fact(1)=2 * 1；得到返回值，fact(2)函数结束。

fact(3)=3 * fact(2)=3 * 2 * 1；得到返回值，fact(3)函数结束。

fact(4)=4 * fact(3)=4 * 3 * 2 * 1；得到返回值，fact(4)函数结束。

fact(5)＝5 * fact(4)＝5 * 4 * 3 * 2 * 1＝120；得到返回值，fact(5)函数结束。

回到主函数，主函数输出 fact(5)的值，主函数结束。

在本例题中满足了使用函数递归调用实现的两个条件：

(1)问题可以逐步简化成自身较简单的形式：n!＝n * (n−1)!。

(2)递归最终能结束，有结束条件：$n＝1$ 时，返回值为 1。

例 10-3 编写递归函数 fib()，fib()函数用于求第 n 项($n＞2$)的斐波那契数列并作为返回值返回。在主函数中通过调用 fib()函数打印输出前 5 项的斐波那契数列(前 5 项：1 1 2 3 5)

当 $n＝1$ 或 $n＝2$ 时，也就是第一项和第二项的斐波那契数列都为 1，此时 fib()函数返回值为 1；当 $n＞2$ 时，第 n 项的斐波那契数列为前两项之和，也就是第 $n−1$ 项加第 $n−2$ 项，这种情况下 fib()函数返回值为 fib(n−1)＋fib(n−2)。此时就需要分别求 fib(n−1)和 fib(n−2)，也就是第 $n−1$ 项和 $n−2$ 项，而它们的值也为前两项之和，所以求 fib(n−1)＋fib(n−2)就要求(fib(n−2)＋fib(n−3))＋(fib(n−3)＋fib(n−4))……依此类推，直到遇到终止条件，即前两项 fib(1)或 fib(2)能确定值为 1，再逐步返回。如本例题 $n＝5$，函数调用过程如图 10-2 所示。

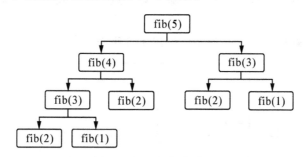

图 10-2 函数调用过程

当调用 fib()函数执行 fib(2)和 fib(1)时，因为能确定第一项和第二项的值为 1，即返回值为 1，此时之前调用的 fib(3)函数就能得到返回值，反推回去，最开始调用的 fib(5)函数就能得到返回值。

程序代码如下：

```
# include<stdio.h>
int fib (int n)
{
    if(n==1||n==2)
        return 1;
    else
        return (fib(n−1)＋fib(n−2));
}
int main()
{
    int n=5,i;
    printf("前%d项的斐波那契数列为:\n",n);
```

```
    for(i=1;i<=n;i++)
    {
        printf("%d\t",fib(i));
    }
    printf("\n");
}
```

程序的运行结果：

前 5 项的斐波那契数列为：
1   1   2   3   5

在本例题中满足用函数递归调用实现的两个条件：

(1)问题可以逐步简化成自身较简单的形式：fib(n)＝fib(n-1)＋fib(n-2)，当 $n>2$ 时；

(2)递归最终能结束，有结束条件：fib(1)和 fib(2)，返回值均为 1。

上面是函数递归调用的简单例子，那么对于更复杂的函数递归调用，解决的问题又是什么样呢？

思考汉诺塔问题：如图 10-3 所示，给出了 3 座塔。在其中一座塔中，有 3 个圆盘。

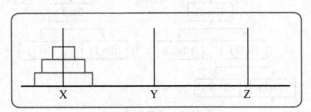

图 10-3　汉诺塔问题

在图 10-3 中，有 3 个塔 X、Y、Z 和 3 个圆盘。较大的圆盘保留在塔的底部，最小的圆盘保持在塔的顶部。现在的问题是必须在以下条件下将所有圆盘从塔 X 转移到塔 Z。

(1)一次只可以移动一个圆盘。

(2)较大的圆盘不可以保留在较小的圆盘上。

如图 10-4 所示。大的圆盘放在了小的上面，这样是错误的。

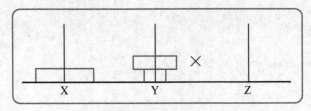

图 10-4　错误移动

了解了规则后，就来看如何借助塔 Y 将所有圆盘转移到塔 Z。

步骤 1：将最小的圆盘从塔 X 转移到塔 Z，如图 10-5 所示。

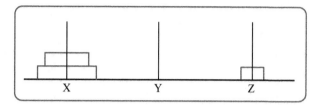

图 10-5　移动最小圆盘

步骤 2：将较小的圆盘从塔 X 转移到塔 Y，如图 10-6 所示。

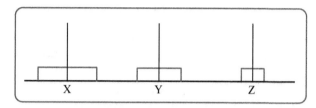

图 10-6　移动较小的圆盘

步骤 3：将最小的圆盘从塔 Z 转移到塔 Y，如图 10-7 所示。

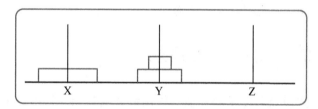

图 10-7　再次移动最小的圆盘

步骤 4：将最大的圆盘转移到塔 Z，如图 10-8 所示。

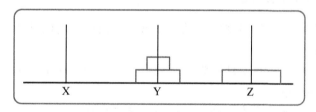

图 10-8　移动最大圆盘

步骤 5：将最小的圆盘从塔 Y 转移到塔 X，如图 10-9 所示。

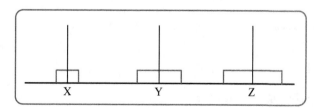

图 10-9　再次移动最小圆盘

步骤 6：将较小的圆盘从塔 Y 转移到塔 Z，如图 10-10 所示。

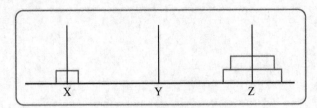

图 10-10 再次移动较小的圆盘

步骤 7：将最小的圆盘从塔 X 转移到塔 Z，如图 10-11 所示。

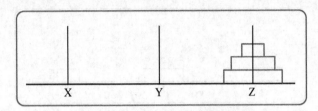

图 10-11 最后一次移动最小圆盘

这样就完成了全部的转移工作。那么怎么通过函数递归调用来实现上述的步骤呢？还请同学们多加思考，自己设计实现该程序。

10.2 变量的作用域和生存期

C语言从两个方面控制变量的性质：作用域和生存期。作用域是指可存取变量的代码范围，生存期是指可存取变量的时间范围。

10.2.1 变量的作用域

作用域即作用范围。作用域的关键在于域，作用域影响的是访问权限，出了作用域的范围就无权访问了。

在所有函数外部定义的变量称为全局变量。全局变量的作用域是从变量定义的位置开始，到本文件结束。

例 10-4 程序开始有全局变量 int a＝5，结尾有全局变量 int b＝3，程序中间是 main()函数，从 main()函数中分别打印输出变量 *a* 和 *b*。

打印输出全局变量 *a*，程序代码如下：

```
# include<stdio. h>
int a＝5;
int main()
{
    printf("全局变量 a＝%d\n",a);
    return 0;
}
int b＝3;
```

程序的运行结果：

```
全局变量 a=5
```

通过运行结果，可以证明能够正确的使用变量 *a*。

打印输出全局变量 *b*，程序代码如下：

```
# include<stdio.h>
int a=5;
int main()
{
    printf("全局变量 b=%d\n",b);
    return 0;
}
int b=3;
```

运行程序提示如下错误信息：

```
error C2065:'b':undeclared identifier;
```

该错误的意思是变量 *b* 是未声明的标识符，也就是程序并不能正确访问到全局变量 *b*。

这也就是所说的全局变量的作用域是从变量定义的位置开始，到本文件结束。在本例题中，全局变量 *a* 定义在 main() 函数之前，换句话说，main() 函数在全局变量 *a* 的作用域内，因此在 main() 函数中能正确访问；而全局变量 *b* 定义在 main() 函数之后，作用域没有覆盖到 main() 函数，因此在 main() 函数中无法访问。

定义在函数内部的变量称为局部变量，局部变量的作用域仅限于函数内部，离开该函数后就是无效的。程序中经常用到的参数就是一种局部变量。

例 10-5　程序有 main() 函数和自定义函数 test()，test() 函数中有局部变量 int a=100，从 main() 函数中打印输出变量 *a*，以此说明局部变量的作用域。

程序代码如下：

```
# include<stdio.h>
void test()
{
    int a=100;
}
int main()
{
    printf("test()函数中的局部变量 a=%d\n",a);
    return 0;
}
```

运行程序提示如下错误信息：

```
error C2065:'a':undeclared identifier
```

同例 10-4 一样，该错误的意思是变量 a 是未声明的标识符，也就是程序并不能正确访问到局部变量 a。而不能正确访问到局部变量 a 的原因也是由于 main() 函数超出了局部变量 a 的作用域。

因此，无论使用的是全局变量还是局部变量，都要弄清它们的作用域。只有这样，才能正确地访问到每一个变量。

当使用的变量名既是局部变量，又是全局变量，且在使用该变量的位置既属于全局变量的作用域，又属于局部变量的作用域时，有效的是全局变量还是局部变量呢？答案是局部变量优先。

例 10-6 在以下程序中，有全局变量 $a＝100$，局部变量 $a＝3$，输出语句均在两者的作用域内，那么看看运行结果，打印输出的是 $a＝3$，也就是输出的是局部变量 a 的值。

程序代码如下：

```
# include＜stdio. h＞
int a＝100;
int main()
{
    int a＝3;
    printf("a＝%d\n",a);
    return 0;
}
```

程序的运行结果：

```
a＝3
```

10.2.2 变量的生存期

变量的生存期和其定义的内存区域相关：

(1)定义变量(变量诞生)－＞申请内存。

(2)释放内存(系统释放，手动释放)－＞变量死亡。

全局变量、静态全局变量、静态局部变量存放在静态存储区(即全局区)，其生存期从程序运行开始一直到程序运行结束。

局部变量、函数形参存放在栈区，生存期从定义开始一直到所在函数或语句块运行结束。

动态分配的变量存放在堆区，生存期从手动分配开始一直到手动释放结束。

说到静态全局变量和静态局部变量，那就不得不介绍一下 static 这个关键词，声明静态变量都需要用到这个关键词，加在变量类型声明前就表示为静态变量。一般格式为：

```
static int a＝1;
```

需要注意的是，初始化时如果没有直接赋值的话，系统会默认静态变量的初值为 0。

例 10-7 main() 函数中调用两次 add() 函数，输出打印每次函数调用的返回值。

add()函数用于计算两个整数的和，并将这个和再加上普通局部变量 c＋＋的值(c 的初始值为 1)，得到的结果作为函数返回值。

程序代码如下：

```
# include<stdio.h>
int add(int a,int b)
{
    int c=1;
    return a+b+(c++);
}
int main()
{
    int a=3,b=5;
    printf("第一次调用 add()函数的结果为=%d\n",add(a,b));
    printf("第二次调用 add()函数的结果为=%d\n",add(a,b));
    return 0;
}
```

程序的运行结果：

```
第一次调用 add()函数的结果为=9
第二次调用 add()函数的结果为=9
```

通过结果可以发现每一次调用 add()函数，得到的返回值都是一样的，这是因为 c 为普通局部变量，第一次调用 add()函数开始给它分配空间，尽管它确实执行了 c＋＋，但当 add()函数结束，普通局部变量 c 的内存空间就释放了，因此在第二次调用 add()函数时，又需要给它重新分配空间，且初始值仍然是 1。

例 10-8 main()函数中调用两次 add()函数，输出打印每次函数调用的返回值。

add()函数用于计算两个整数的和，并将这个和再加上静态局部变量 c＋＋的值(c 的初始值为 1)，得到的结果作为函数返回值。

程序代码如下：

```
# include<stdio.h>
int add(int a,int b)
{
    static int c=1;
    return a+b+(c++);
}
int main()
{
    int a=3,b=5;
    printf("第一次调用 add()函数的结果为=%d\n",add(a,b));
    printf("第二次调用 add()函数的结果为=%d\n",add(a,b));
    return 0;
}
```

程序的运行结果：

第一次调用 add() 函数的结果为＝9
第二次调用 add() 函数的结果为＝10

同例 10-7 不一样，通过结果发现每一次调用 add() 函数，得到的返回值并不是一样的。这是因为 c 为静态局部变量，第一次调用 add() 函数，它执行了 c＋＋，值变为了 2；当 add() 函数结束，静态局部变量 c 的内存空间并没有释放，因此在第二次调用 add() 函数时，并不需要再次给它分配内存空间，它仍然保留着上一次调用结束后的值 2，因此这次加上的 c＋＋表达式的值是 2 而不再是 1，然后 c 变为 3，并且在 add() 函数结束后继续保留这个数值 3。

例 10-9　分别输出均未初始化但带 static 修饰的变量 a 和不带 static 修饰的变量 a，以此说明 static 的默认初始化功能。

程序代码如下：

不带 static 修饰的变量：

```
# include<stdio.h>
int main()
{
    int a;
    printf("a=%d\n",a);
    return 0;
}
```

程序的运行结果：

```
a=-858993460
```

a 输出了一个错误的值，在编译时提示了以下信息：warning C4700：local variable 'a' used without having been initialized，提示变量 a 并没有进行初始化。所以这时变量 a，就不能进行正确的使用。

带 static 修饰的变量：

程序代码如下：

```
# include<stdio.h>
int main()
{
    static int a;
    printf("a=%d\n",a);
    return 0;
}
```

程序的运行结果：

```
a=0
```

运行程序的过程中没有给出不带 static 修饰情况下的提示信息，并且输出了 $a=0$，这就是所说的 static 修饰的变量具有默认初始化为 0 的功能。

10.3　函数的作用域

变量有它的作用域，函数其实也有它的作用域。在很多大型项目中，会有许多文件来共同完成某些功能。那么在不同文件中的函数，想要被其他文件的函数调用的话，应该怎么做呢？下面就用例题来进行讲解。

例 10-10　add()函数在默认(extern)和 static 下作用域的不同。可以看到只有 extern 作用域下的函数才能被其他文件中的函数正常调用。

首先在 one.c 中定义函数 add(extern)，在 two.c 中通过 main()函数调用 add()函数。

one.c，程序代码如下：

```
int add(int a,int b)
{
    return a+b;
}
```

two.c，程序代码如下：

```
# include<stdio.h>
int main()
{
    int a=3,b=5;
    printf("%d+%d=%d\n",a,b,add(a,b));
    return 0;
}
```

程序的运行结果：

```
3+5=8
```

能够正确地调用 add()函数。

接下来在 one.c 中定义函数 add(static)，在 two.c 中通过 main()函数调用 add()函数。
程序的运行结果：

one.c

```
static int add(int a,int b)
{
    return a+b;
}
```

two. c

```
# include<stdio. h>
int main()
{
    int a=3,b=5;
    printf("%d+%d=%d\n",a,b,add(a,b));
    return 0;
}
```

运行报错 error LNK2001：unresolved external symbol _add，无法正确调用 add() 函数。

10.4 编译预处理

前面各章已经多次使用过 #include 命令。在使用库函数之前，应该用 #include 引入对应的头文件。这种以 #号开头的命令称为预处理命令。

10.4.1 文件包含

#include 叫作文件包含命令，用来引入对应的头文件(.h 文件)。#include 也是 C 语言预处理命令的一种。#include 的处理过程很简单，就是将头文件的内容插入该命令所在的位置，从而把头文件和当前源文件连接成一个源文件，这与复制粘贴的效果相同。

#include 的用法有两种：

```
# include<stdio. h>
# include "stdio. h"
```

使用尖括号<>和双引号" "的区别在于头文件的搜索路径不同。使用尖括号<>，编译器会到系统路径下查找头文件；而使用双引号" "，编译器首先在当前目录下查找头文件，如果没有找到再到系统路径下查找。也就是说，使用双引号比使用尖括号多了一个查找路径，它的功能更为强大。

10.4.2 宏定义

#define 叫作宏定义命令，它也是 C 语言预处理命令的一种。所谓宏定义，就是用一个标识符来表示一个字符串，如果在后面的代码中出现了该标识符，那么就全部替换成指定的字符串。需要注意的是宏定义不是说明或语句，在行末不必加分号，如加上分号则分号也会被一起替换。且宏定义必须写在函数之外，其作用域为从宏定义命令起到源程序结束。在之前用到的符号常量就是一种简单的宏定义，除了这种简单的宏定义以外，还有一种带参的宏定义，如例 10-11。

例 10-11 带参宏定义：#define triple(a) 3 * a，在 main()函数中使用。

程序代码如下：

```
# include<stdio.h>
# define triple(a) 3 * a
int main()
{
    int b=triple(10);
    printf("b=%d\n",b);
    return 0;
}
```

程序的运行结果：

```
b=30
```

通过结果，可以发现 b 的值为 30。整个程序只将 triple(10) 赋值给 b，程序将 triple(10) 替换成了 $3*a$，即 $3*10$，因此 b 的值为 30。

在使用带参宏定义时，需要注意：

(1)带参宏定义中，形参之间可以出现空格，但是宏名和形参列表之间不能有空格出现。

(2)在带参宏定义中，不会为形式参数分配内存，因此不必指明数据类型。而在宏调用中，实参包含了具体的数据，要用它们去替换形参，因此实参必须要指明数据类型。

(3)在宏定义中，字符串内的形参通常要用括号括起来以避免出错。

介绍到这里可能会有读者说，这跟函数不是差不多吗？其实不然，带参数的宏和函数很相似，但有本质上的区别：宏展开仅仅是字符串的替换，不会对表达式进行计算；宏在编译之前就被处理了，它没有机会参与编译，也不会占用内存。而函数是一段可以重复使用的代码，会被编译，也会给它分配内存，每次函数调用，就是执行这块内存中的代码。

10.4.3　条件编译

在前面的程序中经常会使用到 if else 语句，来根据不同的条件执行不同的语句。其实在预处理中，同样也有根据不同条件执行不同语句的预处理操作，那就是 #if、#ifdef、#ifndef，称为条件编译。条件编译主要是用来根据不同情况编译不同的代码，产生不同的目标文件。这部分内容不做详细介绍，只讲述大概用法，想要了解的同学们可以进一步自己学习。

1. #if 的用法

#if 的一般格式为：

```
# if 整型常量表达式 1
    程序段 1
# elif 整型常量表达式 2
    程序段 2
```

```
# elif 整型常量表达式 3
   程序段 3
# else
   程序段 4
# endif
```

说明：若"表达式 1"的值为真，则对"程序段 1"进行编译；否则就计算"表达式 2"，结果为真的话就对"程序段 2"进行编译，为假的话就继续往下匹配；直到遇到值为真的表达式或者遇到#else。这一点和 if else 非常类似，在最后还需要加上#endif 来表示条件编译结束。

注意：#if 命令要求判断条件为"整型常量表达式"，也就是说，表达式中不能包含变量，而且结果必须是整数；而 if 后面的表达式没有限制，只要符合语法就行。这是#if 和 if 的一个重要区别。

2. #ifdef 的用法

#ifdef 的一般格式为：

```
# ifdef 宏名
程序段 1
# else
程序段 2
# endif
```

说明：如果当前的宏名已被定义过，则对"程序段 1"进行编译；否则对"程序段 2"进行编译。

3. #ifndef 的用法

#ifndef 的一般格式为：

```
# ifndef 宏名
程序段 1
# else
程序段 2
# endif
```

说明：与#ifdef 相比，仅仅是将#ifdef 改为了#ifndef。其含义是，如果当前的宏名未被定义，则对"程序段 1"进行编译；否则对"程序段 2"进行编译。这与#ifdef 的功能正好相反。

注意：#if 后面跟的是"整型常量表达式"，而#ifdef 和#ifndef 后面跟的只能是一个宏名，不能是其他的内容。

习　题

程序设计题

1. 使用递归调用，编写 digitSum() 函数，该函数用来求一个正整数每一位上数的和。

2. 使用递归调用，编写 power() 函数，该函数用来求正整数 n 的 k 次方（k 为非负数）。

3. 使用递归调用，编写 printNumbers() 函数，该函数用来打印输出整数 a 到 b 的所有整数。

4. 使用递归调用，编写 sumOfEvenOdd() 函数，该函数用来求整数 a 到 b 的所有奇数或偶数之和。（a 为奇数是奇数和，a 为偶数是偶数和）

第 11 章 指针进阶

在第 9 章已经给读者介绍了指针的概念和指针变量的一些基本使用，以及指针变量与数组的关系、指针变量与字符串的关系、指针变量与结构体的关系等，但是指针的使用其实是相当复杂的，可以灵活多变，进行各种复杂的操作和运算。因此，本章会给读者介绍一些指针的进阶操作，来掌握更复杂的指针使用。

11.1 指针数组与多级指针

11.1.1 指针数组

当一个数组被定义为指针类型时，即每个数组元素都是一个指针变量，则这样的数组被称为指针数组。指针数组只能用于存放多个地址型数据。

1. 指针数组的定义与初始化

指针数组定义的一般格式为：

[存储类型] 数据类型 * 指针数组名[长度];

例如，int * p[5]; float * pf[3];

说明 p 是一个指针数组，它有 5 个元素，每个元素是一个指针，用于指向整型变量；而 pf 也是一个指针数组，它有 3 个元素，每个元素都是用于指向 float 型变量的指针。

对指针数组也可以进行初始化，但每个元素所赋的初始值必须是地址值。例如：

int k,m,n, * p[3] = {&k,&m,&n};

在程序中，指针数组通常用来处理多维数组。例如，在程序中，有以下说明：

int a[3][4], * pa[3] = {a[0],a[1],a[2]};

如前所述，二维数组 $a[3][4]$ 可看成由 3 个一维数组构成，这 3 个一维数组的数组名或首地址分别为 $a[0]$、$a[1]$ 和 $a[2]$，且 $a[0]$ 与 $\&a[0][0]$、$a[1]$ 与 $\&a[1][0]$、$a[2]$ 与 $\&a[2][0]$ 都是等价的。若将它们分别赋予指针数组 pa 的 3 个元素 pa[0]、pa[1] 和 pa[2]，即 pa[0]=$a[0]$；pa[1]=$a[1]$；pa[2]=$a[2]$；则这 3 个指针变量元素就分别指向了这 3 个一维数组。这时通过指针数组中的 3 个指针就可以对二维数组中的数据进行处理。

例 11-1 将若干字符串按字母顺序由小到大输出。

程序代码如下：

```
void main()
{
```

```
        void sort(char * name[ ],int n);
        void print(char * name[ ],int n);
        char * name[ ]={"Follow me","BASIC","Great Wall","FORTRAN","computer
design"};
        int n=5;
        sort(name,n);
        print(name,n);
    }
    void sort(char * name[ ],int n)
    {
        char * temp;
        int i,j,k;
        for(i=0;i<n-1;i++)
        {
            k=i;
            for(j=i+1;j<n;j++)
                if(strcmp(name[k],name[j])>0)
                    k=j;
            if(k!=i)
            {
                temp=name[i];
                name[i]=name[k];
                name[k]=temp;
            }
        }
    }
    void print(char * name[ ],int n)
    {
        int i;
        for(i=0;i<n;i++)
            printf("%s\n",name[i]);
    }
```

程序的运行结果：

```
BASIC
Computer design
FORTRAN
Follow me
Great Wall
```

说明：在 main()函数中定义指针数组 name。它有 5 个元素，其初值分别是
"Follow me""BASIC""Great Wall""FORTRAN"和"Computer design"的首地址。这些
字符串是不等长的（并不是按同一长度定义的）。sort()函数的作用是对字符串排序。

sort()函数的形参 name 也是指针数组名,接受实参传过来的 name 数组的首地址,因此形参 name 数组和实参 name 数组指的是同一数组。使用选择法对字符串排序。strcmp()是字符串比较函数,name[k]和 name[j]是第 k 个和第 j 个字符串的起始地址。strcmp(name[k], name[j])的值为:若 name[k]所指的字符串大于 name[j]所指的字符串,则此函数值为正值;若相等,则函数值为 0;若小于,则函数值为负值。if 语句的作用是将两个字符串中"小"的那个字符串的序号(i 或 j 之一)保留在变量 k 中。当执行完内循环 for 语句后,从第 i 个字符串到第 n 个字符串中,第 k 个字符串最"小"。若 k≠i 就表示最小的字符串不是第 i 个字符串。故将 name[i]和 name[k]对换,也就是将指向第 i 个字符串的数组元素(是指针型元素)与指向第 k 个字符串的数组元素对换。

print()函数的作用是输出各字符串。name[0]到 name[4]分别是各字符串(按从小到大顺序排好序的各字符串)的首地址(按字符串从小到大顺序,name[0]指向最小的字符串),用"%s"格式符输出,就得到这些字符串。

2. 指针数组元素的引用

指针数组元素都是指针变量,当它们指向了普通变量或普通数组元素时,就可以通过指针数组元素的引用实现对普通变量或普通数组元素的操作。其引用格式如下:

```
* 指针数组名[下标]
```

例 11-2 输入一个 3×3 的方阵,利用指针数组分别计算并输出两条对角线元素之和。

程序代码如下:

```
void main()
{
    int i,j,s1=0;s2=0;
    int a[3][3], * pa[3];
    for (i=0;i<3;i++)
        pa[i]=a[i];                 /* 对指针数组各元素赋值 */
    for (i=0;i<3;i++)
        for (j=0;j<3;j++)
            scanf ("%d",pa[i]+j);
    for (i=0;i<3;i++)
        for (j=0;j<3;j++)
        {
            if (i==j)
                s1+= * (pa[i]+j);
            if (i+j==2)
                s2+= * (pa[i]+j);
        }
    printf ("s1=%d,s2=%d\n",s1,s2);
}
```

程序的运行结果：

```
1 2 3 4 5 6 7 8 9
s1=15,s2=15
```

如果是字符指针数组，存放的地址均是指向字符串的，那在访问时可以直接按照字符串的访问方式对每个元素进行引用。

例 11-3　通过指针数组的使用，解决一个数学中简单的排列组合问题。

从 Tom、Mike、Jack 3 名同学中选出两名同学参加某项活动，其中一名参加上午的活动，另一名参加下午的活动，一共有多少种不同的选法？

程序代码如下：

```
# include<stdio.h>
# include<stdlib.h>
int main()
{
    char * names[3]={"Tom","Mike","Jack"};//指针数组记录 3 位同学名字
    int count=0,i,j;              //count 用来记录选法数目
    for(i=0;i<3;i++)
        for(j=0;j<3;j++)
            {
                if(i!=j)        //两名同学不能为同一人
                {
                    count++;
                    printf("第%d种选法:%s,%s\n",count,names[i],names[j]);
                }
            }
    printf("一共有%d种不同的选法。\n",count);
    return 0;
}
```

程序的运行结果：

```
第 1 种选法:Tom,Mike
第 2 种选法:Tom,Jack
第 3 种选法:Mike,Tom
第 4 种选法:Mike,Jack
第 5 种选法:Jack,Tom
第 6 种选法:Jack,Mike
一共有 6 种不同的选法。
```

说明：在本例中，names 是一个元素个数为 3 的指针数组，用来记录待选同学的名字信息。数组中的每一个元素都是字符类型的指针，指向表示不同同学名字的字符串。由于上午下午参加活动的同学不能是同一人，所以两层 for 循环中添加了 i 不等于 j 的判断语句，并用 count 记录不同选法的数目。names[i] 这个指针指向表示第 i 名同

学名字的字符串，也就是表示这个字符串的首地址，程序中用 printf("第%d 种选法:%s,%s\n",count,names[i],names[j]);这样的形式输出了不同选法的具体信息。

思考：本例中的选法涉及了上午和下午两个不同时段，如果不分时段，只是 3 名同学中任意选择两名同学同时参加某个活动，本例的代码应该如何修改才能避免其中重复的选法呢？

11.1.2　多级指针变量

如前所述，普通变量或普通数组的数据可通过相应的指针进行处理，特别是指针数组用来处理多维数组既方便又快捷。在 C 语言中，这一概念可以扩展到指针数组，即指针数组也可以用另外一个指针来处理。有如下说明：

```
char * str[4];
```

这里 str 是一个字符指针数组，它的 4 个元素 str[0]、str[1]、str[2]和 str[3]都是指针变量，可分别指向一个字符串。

若同时存在另一个指针变量 pp，并把指针数组 str[ ]的首地址赋予指针变量 pp：

```
pp=str;或 pp=&str[0];
```

则 pp 就指向了指针数组 str[0]。这时 pp 所指向的目标变量 * pp 就是 str[0]，而 * (pp+1)就是 str[1]， * (pp+2)就是 str[2]， * (pp+3)就是 str[3]。

把一个指向指针的指针，称为多级指针。上例中的 pp 指向指针数组 str，而指针数组中的指针指向被处理的字符数组中的数据。所以称 pp 为二级指针变量。

若还存在另一个指针变量 ppp 指向指针变量 pp，则这个指针变量 ppp 称为三级指针变量，依次类推，在实际中，很少使用三级以上的指针变量。

二级指针变量定义的一般格式为：

```
[存储类型] 数据类型 * *指针变量名;
```

例如，上述二级指针变量 pp 定义如下：

```
char * * pp;
```

说明：

(1)定义二级指针变量时，其前面必须有" * *"。

(2)存储类型是指二级指针变量本身的存储类型，而数据类型是指最终要指向的数据的数据类型。

(3)二级指针变量也可以进行初始化。例如：

```
char * p, * str[5], * * pp=&p, * * ps=str;
int * pa[10], * * ppa=pa;
```

二级指针变量在程序中常用来处理多维数组或多个字符串。

例 11-4　利用多级指针变量输出多个字符串。

程序代码如下：

```
void main()
{
    char * name[  ]={"Follow  me",  "BASIC",  "Great Wall","FORTRAN","computer
design"};
    char * * p;
    int i;
    for(i=0;i<5;i++)
    {
      p=name+i;
      printf("%s\n", * p);
    }
}
```

程序的运行结果：

```
Follow me
BASIC
FORTRAN
Great Wall
Computer design
```

说明： p 是指向指针的指针变量，在第 1 次执行循环体时，赋值语句"p=name+i;"使 p 指针变量指向 name 数组的 0 号元素 name[0]，$*p$ 是 name[0]的值，即第 1 个字符串的起始地址，用 printf()函数输出第 1 个字符串(格式符为%s)。然后依次输出另外 4 个字符串。

二级指针还经常被用来遍历指针数组，用二级指针变量指向指针数组中的每一个元素，也就是每一个地址。

例 11-5　一张数据表中依次存储了班上所有同学的名字，现要求输入要查询的学生名字，输出该同学在此表中的位置，没有则输出 Not Found。

程序代码如下：

```
# include<stdio.h>
# include<stdlib.h>
# include<string.h>
# define N 10
int main()
{
    char * names[5]={"Tom","Mike","Jack","Linda","Lisa"};
    char * * p;     //定义二级指针变量p,用于遍历指针数组 names
    char qname[N];
    printf("请输入查询名字:");
    scanf("%s",qname);
```

```
            int i=0;  //记录所在位置
            for(p=names;p<=&names[4];p++)
                    //将指针变量 p 赋值为 names,指针数组的数组名 names 也是一个二级指针,
                    p=names 也可写作 p=&names[0]
            {
                if(strcmp(*p,&qname)==0)  //比较当前指向的字符串与查询的名字是否相同
                {
                    printf("所在位置:%d",i+1);
                    break;
                }
                i++;
            }
            if(p>&names[4])
                printf("Not Found!");
            return 0;
        }
```

假设输入 Tom，程序的运行结果：

请输入查询名字:Tom //假设输入 Tom
所在位置:1

假设输入 Rose，程序的运行结果：

请输入查询名字:Rose //假设输入 Rose
Not Found!

说明：首先用 names 这个指针数组来存储学生的名字信息，相比直接用二维数组存储能节省一部分内存空间，因为不用为每一个字符串分配同样大小的空间。二级指针变量 p 依次指向指针数组 names 中的每一个指针元素，直到找到所查询的名字或 names 数组遍历完为止。其中二级指针变量 p 存储的是当前指向的 names 数组中某个元素的地址，$*p$ 则表示此元素的内容，也就是此元素指向的字符串的地址。最初赋值 $p=$ names，此时 $*p$ 与 color[0]代表同一个地址，$**p$ 与 $*$ names[0]表示的内容也相同。

11.1.3 指针数组作主函数的形参

指针数组的一个重要应用是作为 main()函数的形参。在以往的程序中，main()函数的第 1 行一般写成以下形式：

```
int main()
```

小括号中是空的。实际上，main()函数可以有参数，例如：

```
int main(argc,argv)
```

argc 和 argv 就是 main()函数的形参。main()函数是由系统调用的。当处于操作命

令状态下，输入 main 所在的文件名（经过编译、连接后得到的可执行文件名），系统就调用 main()函数。那么，main()函数的形参的值从何处得到呢？显然不可能在程序中得到。实际上实参是和命令一起给出的。也就是在一个命令行中包括命令名和需要传给 main()函数的参数。命令行的一般形式为：

命令名 参数 1 参数 2……参数 n

命令名和各参数之间用空格分隔。命令名是 main()函数所在的文件名，假设为 file1，若想将两个字符串"China" "Beijing"作为传送给 main()函数的参数，则参数可以写成以下形式：

file1 China Beijing

实际上，文件名应包括盘符、路径及文件的扩展名，为简化起见，用 file1 来代替。

要注意以上参数与 main()函数中形参的关系。main()函数中形参 argc 是指命令行中参数的个数（注意，文件名也作为一个参数。例如，本例中"file1"也是一个参数），所以 argc 的值等于 3（有 3 个命令行参数：file1、China 和 Beijing）。main()函数的第 2 个形参 argv 是一个指向字符串的指针数组，也就是说，带参数的 main()函数原型是：

int main(int argc,char * argv[ ]);

命令行参数应当都是字符串（例如，上面命令行中的"file1""China"和"Beijing"都是字符串），这些字符串的首地址构成一个指针数组。

指针数组 argv 中的元素 argv[0]指向字符串"file1"（或者说 argv[0]的值是字符串"file1"的首地址），argv[1]指向字符串"China"，argv[2]指向字符串"Beijing"。

如果有以下的 main()函数，那么它所在的文件名为 file1：

```
int main(int argc,char * argv[ ])
{
    while(argc>1)
    {
        ++argv;
        printf("%s\n",* argv);
        --argc;
    }
    return 0;
}
```

输入的命令行参数为：

file1 China Beijing

则执行以上命令行将会输出以下信息：

China
Beijing

上面的程序也可以改写为：

```
int main(int argc,char * argv[ ])
{
    while(argc--->1)
        printf("%s\n",*++argv);
    return 0;
}
```

其中 * ++argv 是先进行 ++argv 的运算，使 argv 指向下一个元素，然后进行 * 的运算，找到 argv 当前指向的字符串，输出该字符串。在开始时，argv 指向字符串 "file1"，++argv 使之指向 "China"，所以第一次输出的是 "China"，第二次输出 "Beijing"。

main()函数中的形参不一定命名为 argc 和 argv，可以是任意的名字，只是人们习惯用 argc 和 argv 而已。

利用指针数组作 main()函数的形参，可以向程序传送命令行参数（这些参数是字符串），这些字符串的长度事先并不知道，而且各参数字符串的长度一般并不相同，命令行参数的数目也是任意的。用指针数组能够较好地满足上述要求。

11.2 指向二维数组的指针变量

11.2.1 指针变量指向二维数组

用指针变量可以指向一维数组，也可以指向多维数组。当将二维数组的首地址赋予同类型的指针变量时，则指针变量就指向了这个二维数组。

1. 使指针变量指向二维数组的方法

（1）初始化法。

在定义指针变量的同时进行初始化赋值，这种方法有两种格式：

```
类型名 *指针变量＝二维数组名
类型名 *指针变量＝& 二维数组名[0][0]
```

（2）程序中赋值法。

在程序中直接赋值给指针变量，这种方法也有两种格式：

```
指针变量＝二维数组名
指针变量＝& 二维数组名[0][0]
```

2. 通过指针变量引用二维数组元素的方法

当指针变量指向二维数组的首地址后，则引用该数组的第 i 行第 j 列元素的方法是：

```
* (指针变量＋i * 列数＋j)
```

例如：

```
int a[2][4],*p＝a;
```

则该数组的 2 行 4 列元素在内存中存放顺序为：

$a[0][0]$、$a[0][1]$、$a[0][2]$、$a[0][3]$、$a[1][0]$、$a[1][1]$、$a[1][2]$ 和 $a[1][3]$。

由于指针变量 p 已指向了数组 a 的首地址，即元素 $a[0][0]$ 的地址，如前所述，数组与指针在访问内存时采用统一的地址计算方法且元素引用具有互换性，所以这些元素的地址和引用方法如表 11-1 所示。

表 11-1　二维数组的引用方法

元素	元素地址	元素引用
$a[0][0]$	$p+0$	$*(p+0)$
$a[0][1]$	$p+1$	$*(p+1)$
$a[0][2]$	$p+2$	$*(p+2)$
$a[0][3]$	$p+3$	$*(p+3)$
$a[1][0]$	$p+4$	$*(p+4)$
$a[1][1]$	$p+5$	$*(p+5)$
$a[1][2]$	$p+6$	$*(p+6)$
$a[1][3]$	$p+7$	$*(p+7)$

例 11-6　输出二维数组有关的值。

程序代码如下：

```
# define FORMAT "%d,%d\n"
void main()
{
    int a[3][4]＝{1,3,5,7,9,11,13,15,17,19,21,23};
    printf(FORMAT,a,*a);
    printf(FORMAT,a[0],*(a+0));
    printf(FORMAT,&a[0],&a[0][0]);
    printf(FORMAT,a[1],a+1);
    printf(FORMAT,&a[1][0],*(a+1)+0);
    printf(FORMAT,a[2],*(a+2));
    printf(FORMAT,&a[2],a+2);
    printf(FORMAT,a[1][0],*(*(a+1)+0));
}
```

程序的运行结果：

```
158,158    //第 0 行首地址和 0 行 0 列元素地址
158,158    //0 行 0 列元素地址
158,158    //0 行首地址和 0 行 0 列元素地址
```

```
166,166//1 行 0 列元素地址和 1 行首地址
166,166//1 行 0 列元素地址
174,174//2 行 0 列元素地址
174,174//第 2 行首地址
9,9     //1 行 0 列元素的值
```

注意：a 是二维数组名，代表数组首地址，但是不能企图用 $*a$ 来得到 $a[0][0]$ 的值。$*a$ 相当于 $*(a+0)$，即 $a[0]$，它是第 0 行地址(本次程序运行时输出 a、$a[0]$ 和 $*a$ 的值都是 158，都是地址。每次编译分配的地址是不同的，这个 158 只是一个示例地址值)。a 是指向一维数组的指针，可理解为行指针，$*a$ 是指向列元素的指针，可理解为列指针，指向 0 行 0 列元素，$**a$ 是 0 行 0 列元素的值。同样，$a+1$ 指向第 1 行首地址，但也不能企图用 $*(a+1)$ 得到 $a[1][0]$ 的值，而应该用 $**(a+1)$ 求 $a[1][0]$ 元素的值。

11.2.2　指针变量指向二维数组中的一维数组

在数组一章中曾经介绍过，二维数组可以被看成由若干个一维数组构成。

例如，int a[3][4]；

a 是一个数组名。a 数组包含 3 行，即 3 个元素：$a[0]$，$a[1]$，$a[2]$。而每一元素又是一个一维数组，它包含 4 个元素(即 4 个列元素)，例如，$a[0]$ 所代表的一维数组又包含 4 个元素：$a[0][0]$，$a[0][1]$，$a[0][2]$，$a[0][3]$。

因此，可以定义一个特殊的指针变量，专门用来指向二维数组中的一维数组，然后用这个指针变量来引用或处理二维数组中的某个一维数组元素。

1. 指向二维数组中某个一维数组的指针变量定义

若将指针变量指向二维数组中某个一维数组，则指针变量定义格式为：

数据类型　(*指针变量)[m] /*　m 为二维数组的列数　*/

然后再用初始化方式或程序中赋值方式将指针变量指向二维数组的首地址，即

数据类型　(*指针变量)[m]=二维数组名；　　(初始化方式)
指针变量=二维数组名；　　　　　　　　(赋值方式)

当指针变量指向二维数组的首地址后，则二维数组中第 i 行对应的一维数组首地址可用下列表达式获得：

*(指针变量+i)

注意：

(1)定义这种指针变量时，小括号不能丢，否则就变成指针数组了，即每个数组元素都是指针变量的数组。

(2)m 必须是整型常量表达式，其值应等于要指向的二维数组的列长度，即第二维的长度。

(3)对这种指针变量,在初始化或赋值时应赋予列长度为 m 的二维数组的首地址,然后再通过表达式方式获得二维数组中某个一维数组的首地址。

2. 二维数组元素的引用方法

当指向二维数组中的一维数组的指针变量被赋予二维数组的首地址后,就可以引用二维数组中的一维数组元素。引用格式如下:

```
元素地址      * (指针变量＋i)＋j
元素引用      * (* (指针变量＋i)＋j)
```

其中,i 和 j 分别为元素在二维数组中所处的行下标和列下标。而 $*$(指针变量$+i$)是行下标 i 对应的一维数组的首地址。例如:

```
int a[3][4],(* p)[4]＝a;
```

这里定义了二维数组 $a[3][4]$ 和指向含有 4 个元素的一维数组的指针变量 p,并使 p 指向二维数组 a 的首地址。则对应二维数组中 3 个一维数组的首地址分别为:一维数组 $a[0]$、$a[1]$ 和 $a[2]$。

用指针变量表示的一维数组的首地址分别为:$*(p+0)$、$*(p+1)$和$*(p+2)$。

例 11-7　用指针变量输出数组元素的值。

程序代码如下:

```
void main()
{
    int a[3][4]＝{1,3,5,7,9,11,13,15,17,19,21,23};
    int * p;
    for(p＝a[0];p<a[0]＋12;p++)
    {
        if((p－a[0])%4＝＝0)
            printf("\n");
        printf("%4d",* p);
    }
}
```

程序的运行结果:

```
1
3
5
7
9
11
13
15
17
```

```
19
21
23
```

说明：p 是一个指向整型变量的指针变量，它可以指向一般的整型变量，也可以指向整型的二维数组元素。每次使 p 值加 1，只能加一个整型元素的空间大小以移向下一个二维数组中的元素。if 语句的作用是使一行输出 4 个数据，然后换行。

例 11-8　输出二维数组任一行任一列元素的值。

程序代码如下：

```
void main()
{
    int a[3][4]={1,3,5,7,9,11,13,15,17,19,21,23};
    int(*p)[4],i,j;
    p=a;
    scanf("i=%d,j=%d",&i,&j);
    printf("a[%d,%d]=%d\n",i,j,*(*(p+i)+j));
}
```

程序的运行结果：

```
i=1,j=2      //本行为键盘输入
a[1,2]=13
```

注意：应输入 "$i=1$，$j=2$"，以与 scanf() 函数中指定的字符串相对应。

说明：程序第 3 行 "int(* p)[4]" 表示 p 是一个指针变量，它指向包含 4 个元素的一维数组。注意 $*p$ 两侧的括号不可缺少，如果写成 $*p[4]$，由于方括号[]运算级别高，因此 p 先与[4]结合，是数组，然后再与前面的 * 结合，$*p[4]$ 是指针数组。

程序中的 $p+i$ 是二维数组 a 的第 i 行的地址（由于 p 是指向一维数组的指针变量，因此 p 加 1，就指向下一个一维数组）。$*(p+2)+3$ 是 a 数组第 2 行第 3 列元素地址，这是指向列的指针，$*(*(p+2)+3)$ 是 $a[2][3]$ 的值。

11.3　动态内存分配

因为数组在定义时需要用常量指定元素个数，因此对于在输入时不确定输入数据个数的情况使用数组来存储就比较麻烦。一般情况下，只能尽可能定义最大数值个数的数组来保证足够空间存储，从而很容易造成空间的浪费。是否可以有一种存储结构能够根据输入的数据个数，来随时分配合适大小的空间进行数据的存储呢？这就需要用到动态内存分配方法了。

动态存储管理是指内存空间不是由编译系统分配的，而是由用户在程序中通过动态分配获取的。使用动态内存分配可以有效地使用内存，使用时申请空间，使用完毕

后可以立刻释放空间。而且可以根据变量的值来分配空间大小，能够解决数组元素个数必须是常量的问题。动态内存分配可以使得同一段内存在不同的时间存储不同的内容，起到不同的用途。

一般动态内存分配的步骤包括：

(1)了解所需完成的任务需要分配多少内存空间；

(2)利用 C 语言提供的动态分配函数来分配所需要的存储空间；

(3)利用指针变量指向所获得的内存空间，并利用该指针变量访问该空间，进行各种运算和操作；

(4)使用完内存后，释放这一空间。

思考：在使用字符指针数组来操作多个字符串时，如果字符串的个数不确定，是否也可以考虑使用动态内存分配的方式，在运行程序时根据接收的变量 n 中字符串的个数来动态分配字符指针数组所需的 n 个地址空间？

例 11-9　先输入一个正整数 n，再输入任意 n 个整数，计算并输出这 n 个整数的和。要求使用动态内存分配方法为这 n 个整数分配空间。

程序代码如下：

```c
# include<stdio.h>
# include<stdlib.h>
int main()
{
    int n, sum, i, * p;
    printf("Enter n:");
    scanf("%d", &n);
    if ((p=(int *)malloc (n * sizeof(int)))==NULL)
    {
        printf("Not able to allocate memory. \n");
        exit(1);
    }
    printf("Enter %d integers:", n);
    for (i=0; i<n; i++)
        scanf("%d", p+i);
    sum=0;
    for (i=0; i<n; i++)
        sum=sum+ * (p+i);
    printf("The sum is %d \n", sum);
    free(p);
    return 0;
}
```

说明：程序中使用了动态内存分配函数 malloc()和动态存储释放函数 free()。常用的动态内存分配函数还有 calloc()函数和 realloc()函数。下面将介绍这些函数的功能和使用注意事项。

11.3.1 malloc( )函数

malloc()函数是 C 语言中的一种动态内存分配函数，它的功能是动态申请一片内存空间，并返回该内存空间的首地址，调用者可以利用此地址进行后续的读写操作。其语法为：

```
void * malloc(unsigned size);
```

其中，size 是一个无符号整型变量，表示需要申请的内存大小（单位是字节），返回值是一个 void 类型指针，也就是一片连续的内存区域的首地址。如果没有申请到足够的内存空间，则返回 NULL。

例如：

```
int * p=(int * )malloc(sizeof(int) * 10);
```

上述语句申请了 10 个 int 类型的内存空间，并用指针变量 p 指向这段空间的首地址。

注意：每次动态分配都要检查是否成功，考虑例外情况处理。虽然存储块是动态分配的，但它的大小在分配后也是确定的，注意不要越界使用。

11.3.2 calloc( )函数

calloc()函数也是一个动态内存分配的函数。与 malloc()函数不同的是，calloc()函数会先将分配的内存清零，也就是将所有空间的值初始化为 0，然后再返回分配的内存指针。其语法为：

```
void * calloc(unsigned n,unsigned size);
```

其中，n 表示需要分配的对象数，size 表示每个对象的大小。返回值与 malloc()函数一样，是一个 void 类型指针，指向一片连续的内存区域的首地址。如果没有申请到足够的内存空间，则返回 NULL。

例如：

```
int * p=(int * )calloc(10,sizeof(int));
```

上述语句申请了 10 个 int 类型的内存空间，所有内存块都被初始化为 0，并用指针变量 p 指向这段空间的首地址。

11.3.3 realloc( )函数

realloc()函数用于调整已经申请的内存空间大小。其语法为：

```
void * realloc(void * ptr,unsigned size);
```

其中，ptr 是已经申请到的内存空间的指针变量，size 是需要调整的内存大小。如果调整成功，则返回调整后的内存指针，指向一片能存放大小为 size 的区块，并保证该块的内容与原块的一致。如果 size 小于原块的大小，则内容为原块前 size 范围内的数据；如果新块更大，则原有数据存在新块的前一部分。如果调整失败，则返回 NULL。

注意：如果分配成功，则原存储块的内容就可能发生变化，因此不允许再通过 ptr 指针变量去使用它。调用 realloc() 函数的内存块必须是通过 malloc()、calloc() 或 realloc() 函数申请到的动态内存。

例如：

```
p2＝(int＊)realloc(p1,sizeof(int)＊20);
```

上述语句将指针变量 $p1$ 指向的内存块大小调整为 20 个 int 类型，并返回调整后的内存地址写入指针变量 $p2$ 中。

11.3.4 free()函数

free() 函数用于释放已经申请到的但不需要再使用的内存空间，其语法为：

```
void free(void＊ ptr);
```

其中，ptr 是申请到的内存空间的指针变量。调用该函数后，对应的内存空间就可以被回收。

注意：当某个动态分配的存储块不再使用时，一定要及时将它释放。释放内存的指针变量必须是通过 malloc()、calloc() 或 realloc() 函数申请到的内存空间地址，否则可能会导致程序异常。

例如：

```
free(p);
```

上述语句释放了指针变量 p 指向的内存空间。

11.4 指针与函数的关系

11.4.1 指针变量作为函数的返回值

指针变量作为函数的返回值，一般是指将函数内部的一个地址值作为函数的返回值返回给调用者，使得调用者可以通过该地址访问到函数内部所需处理的数据。

使用时，需要定义一个指针变量来接受函数的返回值，并且需要注意以下几点。

(1)在函数内部定义的指针变量在函数结束时会被销毁，因此不能返回函数内部定义的局部指针变量的地址，否则会导致访问非法内存。

(2)函数返回的指针变量所指向的内存空间需要在函数外部进行申请和释放，否则可能会导致内存泄漏或访问非法内存。

（3）在使用返回的指针变量时，需要确保该指针变量所指向的内存空间已经被正确初始化。

例 11-10 使用指针变量作为函数的返回值，访问并输出动态分配空间中的元素。

程序代码如下：

```c
# include<stdio.h>
# include<stdlib.h>

int * createArray(int size){
    int * arr=(int *)malloc(sizeof(int) * size);
    for(int i=0;i<size;i++){
        arr[i]=i;
    }
    return arr;
}

int main(){
    int * p=createArray(5);
    for(int i=0;i<5;i++){
        printf("%d ",p[i]);
    }
    free(p);
    return 0;
}
```

说明： createArray()函数动态分配了一个大小为 size 的 int 数组，并将其所有元素分别初始化为 0～size－1，然后返回指向该动态数组内存首地址的指针变量。在 main()函数中，通过调用 createArray()函数获得了一个指向动态分配内存的指针变量 p，可以通过该指针变量 p 来访问并输出数组中的元素。最后需要使用 free()函数释放该内存空间。

例 11-11 使用指针变量作为函数的返回值，以获得多个字符串中最长的字符串的地址。

程序代码如下：

```c
# include<stdio.h>
# include<string.h>
# include<stdlib.h>
char * maxLenStr(char * str[],int n)   //指针作为函数返回值,返回最长字符串的地址
{
    char * max=str[0];
    for(int i=0;i<n;i++)
    {
        if(strlen(max)<strlen(str[i]))   //str[i]与之前最长的字符串做比较
        {
```

```
                max=str[i];
            }
        }
        return max;
    }


    int main()
    {
        int i;
        char * max;
        char * str[100],s[100];
    //str[100]是大小为 100 的字符型指针数组,用来指向不同的字符串
    //s[100]用于接受每次输入的字符串
        for(i=0;;i++)
        {
            gets(s);
            if(strcmp(s,"* * * *")==0)   //以"* * * *"结束字符串输入
                break;
            else
            {
                //为第 i 个字符串分配内存
                str[i]=(char *)malloc(sizeof(char) * (strlen(s)+1));
                strcpy(str[i],s);            //将 s 中的字符串复制到 str[i]中
            }
        }
        max=maxLenStr (str,i);
        //maxLenStr()函数返回多个字符串中最长字符串的地址,用指针变量 max 接收
        printf("%s\n",max);                  //输出指针变量 max 指向的字符串
        return 0;
    }
```

说明：程序中 maxLenStr()函数用于返回 n 个字符串中最长字符串的地址，返回类型为指针变量。指针变量 max 用于记录当前最长字符串的地址，最后返回 max。主函数中字符型指针数组 str 用于存储多个字符串的地址，并作为 maxLenStr()函数的第一个参数以求得这些字符串中的最长字符串。i 记录字符串的总数目。gets(s)函数接收当前输入的字符串，以"* * * *"标志输入结束。

11.4.2 指向函数的指针变量

指向函数的指针变量，简称函数指针变量。这个指针变量跟普通指针变量的不同之处在于，它存储了一个函数的地址。通过函数指针变量作为参数，可以动态地调用不同的函数。

在 C 语言中，定义一个函数指针变量需要指定函数的返回值类型和参数列表：

返回值类型 (*指针变量名)(参数列表);

注意： 其中的括号是必要的，指定的是一个指针变量，而且该指针变量是指向函数的，而不是指向其他类型的数据。

定义一个函数指针变量的实例如下：

```
int (＊p)(int,int);//定义一个函数指针变量 p,它指向一个返回值为 int 类型、参数为两
个 int 类型的函数
```

给一个函数指针变量赋值，需要将函数的地址赋值给它，例如：

```
int add(int a,int b)
{
    return a＋b;
}
int (＊p)(int,int);
p＝add;//将 add()函数的地址赋值给函数指针变量 p
```

使用函数指针变量调用所指向的函数需要使用间接运算符'＊'，例如：

```
int result＝(＊p)(1,2);//通过函数指针变量 p 调用 add()函数传入参数 1 和 2,返回值为 3
```

注意：

(1)函数指针变量必须指向一个函数，也就是只能将函数的地址赋值给该指针变量，否则会出现错误；

(2)调用函数指针变量时，要使用间接运算符'＊'；

(3)函数指针变量的类型必须与指向的函数的返回值类型和参数列表相匹配。

例 11-12 利用函数指针变量动态调用不同的函数。

程序代码如下：

```
# include＜stdio.h＞
int add(int a,int b)
{
    return a＋b;
}
int sub(int a,int b)
{
    return a－b;
}
int main(){
    int (＊p)(int,int);//声明一个函数指针变量 p
    p＝add;//将 add()函数的地址赋值给 p
    printf("%d\n",(＊p)(1,2));//通过 p 调用 add()函数传入参数 1 和 2,返回值为 3
    p＝sub;//将 sub()函数的地址赋值给 p
    printf("%d\n",(＊p)(3,1));//通过 p 调用 sub()函数传入参数 3 和 1,返回值为 2
    return 0;
}
```

说明：这个程序中先定义了一个函数指针变量 p，可以指向带有两个 int 类型参数，而且返回值也为 int 类型的函数。然后分别让其指向 add()函数和 sub()函数，调用后就完成了两个不同函数的调用，分别对两个参数进行了求和操作和求差操作。

例 11-13　数学中常常会遇见计算分段函数的题目，如电费计算。某市为了鼓励居民节约用电，采用分段计费的方法按月计算每户家庭的电费，月用电量不超过 200 度时，按 0.55 元/度计费；月用电量超过 200 度时，其中的 200 度仍按 0.55 元/度计费，超过部分按 0.70 元/度计费。设每户家庭月用电量为 x 度时，应交电费 y 元。根据输入的用电量 x 计算应交电费的数额。

程序代码如下：

```c
# include<stdio.h>
# include<stdlib.h>
double fun1(double x)//不超过 200 度
{
    return 0.55 * x;
}
double fun2(double x)//超过 200 度
{
    return 0.55 * 200+0.70 * (x-200);
}
void main()
{
    double x,y;
    scanf("%lf",&x);
    double ( * fun)(double);//函数指针变量 fun,根据不同的输入 x 而指向不同的函数

    if(x<=200)
        fun=fun1;
    else
        fun=fun2;
    y=( * fun)(x);
    printf("%.2lf",y);
    return 0;
}
```

说明：这个程序中定义了一个函数指针变量 fun，可以指向带有一个 double 型参数而且返回值类型也为 double 型的函数。然后根据输入的不同用电度数 x，让函数指针变量 fun 分别指向不同的函数再进行调用，从而实现了分段函数的计算。

11.5　单向链表

单向链表是一种动态存储分配的数据结构，由多个节点（Node）组成，每个节点包含两个元素：数据域（Data）和指针域（Next），其中数据域用于存储数据，指针域指向

下一个节点，最后一个节点的指针域为 NULL。单向链表结构中，只允许向一个方向遍历，即从头节点(head)开始，依次遍历每个节点，直到到达尾节点(tail)。单向链表可以用于实现栈、队列、图等数据结构。

图 11-1 为单向链表的示意图。

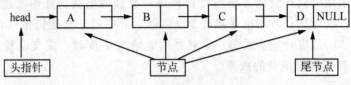

图 11-1　单向链表的示意图

在 C 语言中，可以通过结构体来定义单向链表中的任意一个节点：

```
struct Node
{
    int data;
    struct Node * next;
};
```

其中，data 为数据域，next 为指针域，指向下一个节点。

链表与数组相比的不同点在于：数组需要事先定义好元素的个数，长度是固定的，因此在数组元素个数不确定时，可能会发生浪费内存空间的情况；而链表是一种动态内存分配的数据结构，根据需要动态开辟内存空间，可以节省内存，提高操作效率。使用链表还可以比较方便地插入新元素(节点)。

使用单向链表时的注意事项：

(1)单向链表中每个节点的内存空间都需要手动分配和释放；

(2)在插入或删除节点时，需要注意链表是否为空、是否越界等异常情况；

(3)在遍历链表时，需要注意链表是否为空，以及遍历完最后一个节点时的退出条件。

11.5.1　单向链表的创建

单向链表的创建可以通过动态内存分配来实现，需要新建节点并将所有新建的节点连接起来。

具体创建的程序代码如下：

```
struct Node * createLinkedList(int data[],int n)
{
    struct Node * head=NULL;
    struct Node * tail=NULL;
    struct Node * node;

    for (int i=0;i<n;i++)
    {
```

```
        node=(struct Node*)malloc(sizeof(struct Node));
        node->data=data[i];
        node->next=NULL;
        if (head==NULL){
            head=node;
            tail=node;
        }
        else
        {
            tail->next=node;
            tail=node;
        }
    }
    return head;
}
```

说明：这段代码中，createLinkedList()函数接收一个数组的首地址和数组长度，返回一个单向链表的头节点地址。在 for 循环中，通过动态内存分配创建节点，并将数据赋值给数据域，将指针域设为 NULL。如果单向链表为空，则将头节点和尾节点都设置为当前节点；否则，将当前节点接在尾节点后面，并更新尾节点。这个建立链表的过程采用了尾插法，也就是在链表尾部插入新增节点的方法，也可以尝试使用头插法或者利用顺序插入法进行排序。

11.5.2 单向链表的遍历

单向链表的遍历可以通过循环来实现，具体的遍历函数如下：

```
void traverseLinkedList(struct Node* head)
{
    struct Node* p=head;

    while (p!=NULL)
    {
        printf("%d ",p->data);
        p=p->next;
    }
    printf("\n");
}
```

说明：这段代码中，traverseLinkedList()函数接收一个单向链表的头节点地址，然后利用循环从头节点开始遍历整个链表，并打印每个节点的数据域。

11.5.3 单向链表的插入

单向链表的插入可以分为在头节点和在其他位置插入两种情况。在头节点插入时，只需要将新节点的指针域指向原头节点，然后将头节点指向新节点即可。在其他位置插入时，需要先找到要插入位置的前一个节点，将新节点的指针域指向前一个节点的下一个节点，然后将前一个节点的指针域指向新节点。具体的插入函数如下：

```c
struct Node * insertLinkedList(struct Node * head,int index,int data)
{
    struct Node * node=(struct Node *)malloc(sizeof(struct Node));
    node->data=data;
    node->next=NULL;
    struct Node * p;

    if (index==0){
        node->next=head;
        head=node;
    }
    else
    {
        p=head;
        for (int i=1;i<index;i++){
            p=p->next;
        }
        node->next=p->next;
        p->next=node;
    }
    return head;
}
```

说明：这段代码中，insertLinkedList()函数接受一个单向链表的头节点地址、插入位置和插入数据，返回插入后的单向链表的头节点地址。如果插入位置为0，则在头节点插入，直接将新节点的指针域指向原头节点，然后将头节点指向新节点即可；否则，先找到要插入位置的前一个节点，将新节点的指针域指向前一个节点的下一个节点，然后将前一个节点的指针域指向新节点。

注意：插入操作必须把插入的新节点先连接到链表中后面的节点上，再断开之前的连接，否则后面的节点一旦被断开就无法连接了。

11.5.4　单向链表的删除

单向链表的删除可以分为删除头节点和删除其他节点两种情况。删除头节点时，只需要将头节点指向下一个节点即可；而删除其他节点时，则需要先找到要删除位置的前一个节点，将前一个节点的指针域指向要删除节点的下一个节点，然后再释放要删除节点的内存空间。具体的删除程序代码如下：

```c
struct Node * deleteLinkedList(struct Node * head,int index)
{
```

```
        struct Node * p, * q;

        if (index==0)
        {
            p=head;
            head=head->next;
            free(p);
        }
        else
        {
            struct Node * p=head;
            for (int i=1;i<index;i++)
            {
                p=p->next;
            }
            q=p->next;
            p->next=q->next;
            free(q);
        }
        return head;
    }
```

　　说明： 在这段代码中，deleteLinkedList()函数接受一个单向链表的头节点地址和要删除的位置，返回删除后的单向链表的头节点地址。如果要删除的位置为 0，则删除头节点，直接将头节点指向下一个节点，然后释放原头节点的内存空间；否则，先找到要删除位置的前一个节点，将前一个节点的指针域指向要删除节点的下一个节点，然后再释放要删除节点的内存空间。

　　注意： 删除操作必须先连接好要删除节点的下一个节点，再释放需要删除的节点。

11.5.5　单向链表的实例

　　单向链表的使用范围非常广泛，下面用两个实例来介绍单向链表的具体使用方法。

　　例 11-14　使用单向链表来实现集合的交、并、差运算。

　　程序代码如下：

```
# include<stdio.h>
# include<stdlib.h>
typedef int datatype;
typedef struct node
{
    datatype data;
    struct node * next;
}setNode;
/ * 向链表中插入数据,插入链表最前面 * /
```

```
void Insert(setNode * head,int a)
{
    setNode * p=head, * s;//p指向头节点
    s=(setNode *)malloc(sizeof(setNode));
    s->data=a;
    s->next=p->next;//在链表最前面插入新节点,新节点先连接后面的节点再断开之
前的连接
    p->next=s;
}
/* 找出 key值所在的位置 */
setNode * Locate(setNode * head,datatype key)
{
    setNode * p=head->next;
    while(p!=NULL&&p->data!=key)
        p=p->next;
    if(p==NULL)return NULL;
    else return p;
}
/* 建立链表 */
setNode * CreateList()
{
    setNode * head;
    int a;
    head=(setNode *)malloc(sizeof(setNode));
    head->next=NULL;
    scanf("%d",&a);
    while(a!=0)//输入 0时结束
    {
        if(Locate(head,a)==NULL)Insert(head,a);//没有重复值的插入数值
        scanf("%d",&a);
    }
    return head;
}
/* 复制链表 */
setNode * CopyList(setNode * L)
{
    setNode * head, * p;
    head=(setNode *)malloc(sizeof(setNode));
    head->next=NULL;
    p=L->next;
    while(p!=NULL)
    {
        Insert(head,p->data);
```

```
        p=p->next;
    }
    return head;
}
/*集合求交集*/
setNode * Intersection(setNode * L1,setNode * L2)
{
    setNode * head, * p, * q, * s;
    head=(setNode *)malloc(sizeof(setNode));
    head->next=NULL;
    p=L2;
    q=L1;
    while(p->next!=NULL)
    {
        s=Locate(q,p->next->data);
        if(s!=NULL)Insert(head,s->data);
        p=p->next;
    }
    return head;
}
/*定位 key 对应节点的前一个节点*/
setNode * LocatePre(setNode * head,datatype key)
{
    setNode * p=head;
    while(p->next!=NULL&&p->next->data!=key)
        p=p->next;
    if(p->next==NULL)return NULL;
    else return p;
}
/*删除节点 p 的下一个节点*/
void Delete(setNode * p)
{
    setNode * r;
    r=p->next;
    p->next=r->next;//先连接要删除节点的下一个节点再释放需要删除的节点
    free(r);
}
/*两个集合的差集*/
setNode * Subtract(setNode * L1,setNode * L2)
{
    setNode * head, * p, * q, * s;
    head=CopyList(L1);
    p=L2;
    q=head;
```

```
    while(p->next!=NULL)
    {
        s=LocatePre(q,p->next->data);
        Delete(s);
        p=p->next;
    }
    return head;
}
/*合并两个集合*/
setNode *Union(setNode *L1,setNode *L2)
{
    setNode *head,*p,*q;
    head=CopyList(L1);
    p=head;
    q=L2;
    while(q->next!=NULL)
    {
        Insert(p,q->next->data);
        q=q->next;
    }
    return head;
}
/*打印集合*/
voidPrint(setNode *head)
{
    setNode *temp;
    temp=head->next;
    while(temp!=NULL)
    {
        printf("%3d",temp->data);
        temp=temp->next;
    }
    printf("\n");
}
intmain()
{
    setNode *L1,*L2,*L3,*L4;
    printf("输入 L1:");
    L1=CreateList();
    Print(L1);
    printf("输入 L2:");
    L2=CreateList();
    Print(L2);
    L3=Intersection(L1,L2);
```

```
    printf("交集:");
    Print(L3);
    L4=Union(L1,Subtract(L2,L3));//L1 和 L2 的并集等于 L1 加上 L2 与 L1 的差
    printf("并集:");
    Print(L4);
    return 0;
}
```

说明： 这个程序利用单向链表来进行集合交和集合并运算的实现，其中大量运用了单向链表的遍历、插入、删除等基本操作。插入、删除等操作的重点主要在于理解操作的具体步骤。插入操作必须是插入的新节点先连接后面的节点再断开之前的连接；删除操作必须是先连接好要删除节点的下一个节点，再释放需要删除的节点。其中建立链表的过程采用了头插法，也就是在链表头部插入新增节点的方法，也可以尝试使用尾插法或者利用顺序插入法进行排序。

例 11-15　使用单向链表完成一个学生信息管理系统。

程序代码如下：

```
# include<stdio.h>
# include<stdlib.h>
# include<string.h>
/* 各科成绩的结构体 */
typedef struct grade{
    int   English;
    int   Chinese;
    int   math;
    int   physics;
    int   computer;
    int   chemistry;
}Grade;
typedef struct student Student;
/* 记录学生信息的结构体 */
structstudent{
    int num;
    charname[10];
    int age;
    charsex[20];
    Grade grades;   /* 嵌套使用结构体 */
    Student * next;
};
/* 新建学生成绩表 */
Student * Create_stud_Doc();
/* 向成绩表中插入信息 */
Student * Insert_stud_Doc(Student * head,Student * stud);
/* 查询 */
```

```
void Search_stud_Doc(Student * head,int q);
/* 删除 */
Student * Delete_stud_Doc(Student * head,int q);
/* 打印信息 */
void Print_stud_Doc(Student * head);
/* 主函数 */
int main(void)
{
    Student * head=NULL, * p;
    int choice;
    int num;
    int size=sizeof(Student);
    do{
        printf("\n*******欢迎使用学生成绩管理系统********\n");
        printf("1. 新建学生成绩表\n");
        printf("2. 添加学生成绩\n");
        printf("3. 查找学生成绩\n");
        printf("4. 删除学生成绩\n");
        printf("5. 输出所有学生的成绩\n");
        printf("0. 退出\n");
        printf(" ******************************************\n");
        printf("\n");
        printf("   输入你要选择的功能选项:");
        scanf("%d",&choice);
        switch(choice){
        case 1:
            head=Create_stud_Doc();
            printf("\n");
            printf("    输入学生成绩单成功！\n");
            printf("\n");
            break;
        case 2:
            p=(Student *)malloc(size);
            printf("输入该学生的学号:");
            scanf("%d",&(p->num));
            printf(" 输入该学生的姓名:");
            scanf("%s",p->name);
            printf(" 输入该学生的年龄:");
            scanf("%d",&p->age);
            printf(" 输入该学生的性别(男/女):");
            scanf("%s",p->sex);
            printf(" 输入该学生的英语成绩:");
            scanf("%d",&p->grades.English);
            printf(" 输入该学生的语文成绩:");
```

```
            scanf("%d",&p->grades.Chinese);
            printf(" 输入该学生的数学成绩:");
            scanf("%d",&p->grades.math);
            printf(" 输入该学生的物理成绩:");
            scanf("%d",&p->grades.physics);
            printf(" 输入该学生的化学成绩:");
            scanf("%d",&p->grades.chemistry);
            printf(" 输入该学生的计算机成绩:");
            scanf("%d",&p->grades.computer);
            head=Insert_stud_Doc(head,p);
            printf("\n");
            printf("添加学生成绩单成功! \n");
            printf("\n");
            break;
        case 3:
            printf(" 输入要查询的学生的学号:");
            scanf("%d",&num);
            Search_stud_Doc(head,num);
            break;
        case 4:
            printf(" 输入要删除的学生的学号:");
            scanf("%d",&num);
            head=Delete_stud_Doc(head,num);
            printf("删除成功! \n");
            break;
        case 5:
            Print_stud_Doc(head);
            break;
        case 0:
            printf("谢谢使用该学生成绩管理系统!\n");
            break;
        }
    }while(choice>0);
}
/*创建新链表*/
Student * Create_stud_Doc()
{
    Student * head, * p;
    int size=sizeof(Student);
    head=NULL;
    int num;
    printf("输入该学生的学号(0表示输入结束):");
    scanf("%d",&num);
```

```
    while(num!=0)
    {
        p=(Student *)malloc(size);
        p->num=num;
        printf("输入该学生的姓名:");
        scanf("%s",p->name);
        printf("输入该学生的年龄:");
        scanf("%d",&p->age);
        printf("输入该学生的性别(男/女):");
        scanf("%s",p->sex);
        printf("输入该学生的英语成绩:");
        scanf("%d",&p->grades.English);
        printf("输入该学生的语文成绩:");
        scanf("%d",&p->grades.Chinese);
        printf("输入该学生的数学成绩:");
        scanf("%d",&p->grades.math);
        printf("输入该学生的物理成绩:");
        scanf("%d",&p->grades.physics);
        printf("输入该学生的化学成绩:");
        scanf("%d",&p->grades.chemistry);
        printf("输入该学生的计算机成绩:");
        scanf("%d",&p->grades.computer);
        head=Insert_stud_Doc(head,p);
        printf("输入该学生的学号(0表示输入结束):");
        scanf("%d",&num);
    }
    return head;
}
/*插入一个学生成绩表*/
Student * Insert_stud_Doc(Student * head,Student * stud)
{
    Student * ptr,* ptr1,* ptr2;
    ptr2=head;
    ptr=stud;
    /*空链表插入新节点*/
    if(head==NULL){
        head=ptr;
        head->next=NULL;
    }
    else /*原链表不为空,包括链表中间插入和链表尾插入两种情况*/
    {
        while((ptr->num>ptr2->num)&&(ptr2->next!=NULL))
        {
            ptr1=ptr2;
```

```
            ptr2=ptr2->next;
        }
        if(ptr->num<=ptr2->num){
            if(head==ptr2)
                head=ptr;
            else
                ptr1->next=ptr;
            ptr->next=ptr2;
        }
        else{//在链表尾部插入
            ptr2->next=ptr;
            ptr->next=NULL;
        }
    }
    return head;
}
/*查找一个学生的成绩表*/
void Search_stud_Doc(Student * head,int q)
{
    Student * p;
    int flag=0;
    if(head==NULL){
        printf("\n\t 学生成绩记录为空！\n");
        return;
    }
    for(p=head;p!=NULL;p=p->next){
        if(p->num==q){ //遍历链表,找到学号等于所查找的学号的节点
            printf("* * * * 这是这个学生的成绩单 * * * *\n");
            printf(" 该学生的学号:%d\n",p->num);
            printf(" 该学生的姓名:%s\n",p->name);
            printf(" 该学生的年龄:%d\n",p->age);
            printf(" 该学生的性别:%s\n",p->sex);
            printf(" 该学生的英语成绩:%d\n",p->grades.English);
            printf(" 该学生的语文成绩:%d\n",p->grades.Chinese);
            printf(" 该学生的数学成绩:%d\n",p->grades.math);
            printf(" 该学生的物理成绩:%d\n",p->grades.physics);
            printf(" 该学生的化学成绩:%d\n",p->grades.chemistry);
            printf(" 该学生的计算机成绩:%d\n",p->grades.computer);
            printf("*************************************\n");
            printf("\n");
            flag=1;
        }
    }
    if(flag==1){
```

```
        printf("查找成功！\n");
    }
    else
        printf("查找失败！\n");
}
/* 删除一个学生的成绩表 */
Student * Delete_stud_Doc(Student * head,int q)
{
    Student * ptr, * ptr1;
    /* 删除节点为头节点 */
    while(head!=NULL&&head->num==q){
        ptr=head;
        head=head->next;
        free(ptr);
    }
    /* 空链表 */
    if(head==NULL)
        return NULL;
    /* 要删除节点为非表头节点 */
    ptr=head;
    ptr1=head->next;
    while(ptr1!=NULL){
        if(ptr1->num==q){
            ptr->next=ptr1->next;//先连接要删除节点的下一个节点再释放节点内存
            free(ptr1);
        }
        else
            ptr=ptr1;
        ptr1=ptr->next;
    }
    return head;
}
/* 输入所有学生的成绩表 */
void Print_stud_Doc(Student * head)
{
    Student * p;
    if(head==NULL){
        printf("\n\t学生成绩记录为空！\n");
        return;
    }
    printf("\n所有的学生成绩单是:\n");
    printf("学号\t姓名\t英语\t语文\t数学\t物理\t化学\t计算机\n");
    for(p=head;p!=NULL;p=p->next)
    {
```

```
    printf("%d\t%s\t%d\t%d\t%d\t%d\t%d\t%d\n",p->num,p->name,p->
grades.English,p->grades.Chinese,p->grades.math,p->grades.physics,p->
grades.chemistry,p->grades.computer);
    }
    }
```

说明： 这个程序是一个基于链表实现的简易学生成绩管理系统。其中包括了对链表进行的常见操作，插入、删除、查找、遍历等。程序一开始定义了两个结构体，Student 和 Grade，而 Student 结构又嵌套使用了 Grade 这个结构体。Student 结构中使用一个指针 next 表示链表中的各个节点的连接关系。程序中包含函数新建 Create_stud_Doc()、插入 Insert_stud_Doc()、查询 Search_stud_Doc()、删除 Delete_stud_Doc()，新建链表操作可以看作多次调用插入操作，而插入操作又分为空链表情况和非空链表时的插入。理解插入和删除两个函数对于掌握链表的基本操作十分重要。

习　题

程序设计题

1. 编写程序，输入一个月份，输出对应的英文名称，要求用指针数组表示 12 个月的英文名称。

2. 编写一个函数，将一个数组中的元素按从小到大的顺序进行排序，并使用指针数组存储每个元素的地址。

3. 编写一个函数，将两个指针数组合并为一个，并按从小到大的顺序进行排序。

4. 定义一个指针数组将星期信息组织起来（Sunday，Monday，…，Saturday），任意输入一个字符串，在指针数组中查找是否存在，若存在，则输出该字符串在表中的序号，否则输出 −1。

5. 编写一个函数 int max_len(char * s[ ],int n)，用于计算有 $n(n<10)$ 个元素的指针数组 s 中最长字符串的长度，并编写主程序测试。

6. 输入若干个学生的信息（包括学号、姓名和成绩），输入学号为 0 时输入结束。建立一个单向链表，再输入一个成绩值，将成绩大于等于该值的学生信息输出。

7. 输入若干个正整数（输入 −1 为结束标志），并建立一个单向链表，将其中的偶数值节点删除后输出。

8. 建立并输出链表内容。链表的每个节点包括一个多项式的一项。输入数据包括多项式的总项数和每一项的系数、指数，用 %dx^%d 的格式输出每一项的值（指数为 0 除外），例如：

输入示例	5 3 0 2 5 1 7 6 3 8 9
输出示例	3+2x^5+x^7+6x^3+8x^9

第 12 章　文件

通常使用 scanf()函数从标准输入设备(键盘)输入数据,使用 printf()函数把数据输出到标准输出设备(显示器)。因此,这些数据无法长久地保存在计算机的存储设备中。而事实上,计算机处理的数据更多的是以文件的形式存储在存储设备中。程序如果能够直接从存储在存储设备中的数据文件中读取数据,那么将大大加快数据输入的速度。另一方面,如果把数据保存在磁盘文件中,那么数据就可以长久地得以保存。C语言提供了丰富的文件操作函数,可以实现数据文件的各种读写操作。本章将介绍 C语言库函数中用于文件操作的函数。

12.1　文件概述

12.1.1　文件的概念及数据存储形式

记录在外部存储介质上的数据的集合被称为"文件"。每个文件都有唯一的文件标识符,包括文件路径、主文件名和文件扩展名。文件路径表明文件的存储位置,例如,文件 main.c 的路径是"E:\program\main.c"。"\"是目录路径的分隔符,这种从根开始一层层表示的路径称为绝对路径。还有一种相对路径,是指与当前工作目录相关的路径。不同操作系统对路径的表示和组织方式不完全相同,如 UNIX 系统用"/"而不用"\"作为目录分隔符。文件扩展名标识文件的性质,如 C 语言程序的源文件扩展名为 .c,可执行程序的文件的扩展名为 .exe 等。

根据数据组织形式的不同,数据文件可分为两类:二进制文件和文本文件。

1. 二进制文件

本质上,数据在文件中都被存储为二进制形式。内存中的数据不加以转换直接输出到外部存储器,就是二进制文件。例如,整数 12345 在内存中用二进制表示,对应的二进制数是 00000000 00000000 00110000 00111001(假设整数占用 4 个字节)。用二进制文件存储 12345 时,把二进制数 00000000 00000000 00110000 00111001 直接存储到存储介质上,不仅节省存储空间(仅占用 4 个字节),而且减少数据的转换时间,缺点是二进制数据反映的内容不直观,必须转换之后才能体现其内容。

2. 文本文件

文本文件中的数据被看成字符,每个字符都对应一个 ASCII 值。文本文件中存储了每个字符的 ASCII 值,一个字符占用 1 个字节的存储空间。例如,整数 12345 用文本文件存储时,分别把字符'1''2''3''4''5'的 ASCII 值 49、50、51、52、53 对应的二进制数 00110001、00110010、00110011、00110100、00110101 存储到存储介质上。这种存储形式便于对字符进行逐一处理,数据反映的内容比较直观,缺点是占用更多存储空间(占用 5 个字节),而且要花费转换时间(把 1 个字节的二进制数转换为 ASCII 字符)。

12.1.2　文件指针

C 语言中对于文件的操作都是通过函数调用来实现的。ANSI C 提供了一系列跨平台的高级文件操作函数，这些函数又通过文件指针来处理文件中的数据。

文件指针的定义格式如下：

```
FILE * 变量名；
```

其中，FILE 是在头文件 stdio.h 中预定义的结构体类型，封装了与文件有关的一系列变量，包括文件句柄、位置指针及缓冲区等。例如：

```
FILE * fp；
```

定义了文件指针变量 fp，接下来就可以通过 fp 处理数据文件了。一般的处理过程如下：

(1)使 fp 与数据文件建立关联，通过调用 fopen()函数实现；

(2)调用相关函数读写数据文件；

(3)断开 fp 与数据文件的关联，通过调用 fclose()函数实现。

12.2　文件的打开与关闭

12.2.1　文件打开函数 fopen( )

操作数据文件之前首先要打开该文件。所谓打开文件，就是调用 fopen()函数，使得文件指针与被操作的数据文件之间建立关联。

fopen()函数的函数原型如下：

```
FILE * fopen(const char * filename,const char * mode);
```

函数功能：按照参数 mode 指定的打开方式，使文件指针与参数 filename 指定的文件建立关联。函数返回指向 FILE 类型的指针，文件正常打开，返回该文件的文件指针，文件打开失败，返回 NULL。

参数 filename 是一个字符串，用于指定要打开的文件，如"D:\\program\\data.txt"。这儿用"\\"表示目录路径的分隔符"\"。

参数 mode 也是一个字符串，指定文件的打开方式。根据文件的存储形式和对文件的读写操作的不同，文件打开方式如表 12-1 所示。

表 12-1　文件打开方式

mode 字符串	含　　义
"r"	以只读方式打开文本文件
"w"	以只写方式新建文本文件。如果文件已存在，则覆盖原有文件

续表

mode 字符串	含　义
"a"	以追加方式打开或新建文本文件，文件位置指针指向文件末尾
"r+"	以读取/写入方式打开已存在的文本文件，如果文件不存在，则打开失败
"w+"	以写入/读取方式打开或新建文本文件，如果文件已经存在，则覆盖原有文件
"a+"	以追加/读取方式打开或新建文本文件，文件位置指针指向文件末尾
"rb"	以只读方式打开二进制文件，如果文件不存在，则打开失败
"wb"	以只写方式打开或新建二进制文件，如果文件已存在，则覆盖原有文件
"ab"	以追加方式打开或新建二进制文件，文件位置指针指向文件末尾
"rb+"	以读取/写入方式打开二进制文件，如果文件不存在，则打开失败
"wb+"	以写入/读取方式打开或新建二进制文件，如果文件已存在，则覆盖原有文件
"ab+"	以追加/读取方式打开或新建二进制文件，文件位置指针指向文件末尾

根据对文件操作的不同要求，选择相应的打开方式。如果打开方式选择不正确，那么可能会导致文件原有数据丢失或者无法打开文件。执行 fopen() 函数后，通常应该判断文件是否正常打开。根据函数返回值是否等于 NULL 来进行判断，如果返回值等于 NULL，那么表示文件打开失败，需要重新打开文件或者强制退出程序。

12.2.2　文件关闭函数 fclose()

虽然程序正常运行结束以后，所有打开的文件都会自动关闭，但是程序员最好调用 fclose() 函数主动关闭文件，否则如果程序非正常结束，那么可能会导致数据丢失。例如，对文件的更改没有被记录到磁盘上、其他进程无法读取该文件等。fclose() 函数的函数原型如下：

```
int fclose(FILE * fp);
```

函数功能：关闭文件指针 fp 指向的文件，使缓冲区中的数据写入文件中，释放系统提供的文件资源。函数的返回值是整数，如果成功关闭文件则返回 0，否则返回 EOF。

例 12-1　打开一个文本文件，如果打开失败，那么给出提示信息并结束程序。

程序代码如下：

```
# include<stdio.h>
# include<stdlib.h>
int main()
{
    FILE * fp;
    fp= fopen("e:\\data.txt","r");
```

```
    if(fp==NULL)                //等价于 if(! fp)
    {
        printf("打开文件失败");
        exit(1);                //退出程序
    }

    //文件读写操作的代码；

    fclose(fp);//关闭文件
    return 0;
}
```

调用 fopen()函数以只读方式打开文本文件"E:\data.txt"，如果文件打开失败，那么打印提示信息为"打开文件失败"，并调用函数 exit(1)结束程序的运行。exit()函数是在系统头文件 stdlib.h 中声明的库函数，其作用是终止正在执行的程序，并将参数作为状态码返回给操作系统。参数用于说明程序终止时的状态，0 表示正常结束，非 0 表示程序异常终止。最后，调用 fclose()函数关闭 fp 指向的文件，即"E:\data.txt"。

12.3　文件的读写

12.3.1　文本文件的读写

打开文件后，文件指针 fp 与被操作的文件建立关联，然后调用文件读写函数通过 fp 读写与之关联的文件中的数据。

1. 读单个字符函数 fgetc( )

函数 fgetc()的函数原型如下：

```
int fgetc(FILE * fp);
```

函数功能：从 fp 指向的文件中读取一个字符。函数返回值是整数，如果正确地从文件中读出一个字符，则返回该字符的 ASCII 值，否则返回 EOF。

2. 写单个字符函数 fputc( )

fputc()函数的函数原型如下：

```
int fputc(int ch,FILE * fp);
```

函数功能：把整数 ch 转换成无符号的字符写入文件指针 fp 所指向的文件中。函数返回值是整数，如果写入成功则返回 ch 的值，否则返回 EOF。

例 12-2　把 E:\data.txt 文件的内容复制到文件 E:\data_cpy.txt 中。

程序代码如下：

```
# include<stdio.h>
# include<stdlib.h>
int main()
{
    FILE * fp1＝fopen("E:\\data.txt","r");
    FILE * fp2＝fopen("E:\\data_cyp.txt","w");
    if(! (fp1 && fp2))
    {
        printf("打开文件失败");
        exit(1);
    }

    char ch;
    while((ch＝fgetc(fp1))!＝EOF)
    {
        fputc(ch,fp2);
    }

    fclose(fp1);
    fclose(fp2);

    return 0;
}
```

3. 读字符串函数 fgets( )

函数 fgetc()每次只能读取一个字符，而 fgets()函数能够从指定的文件中连续读取多个字符。fgets()函数的函数原型为：

```
char * fgets (char * str,int num,FILE * fp);
```

函数功能：从 fp 指向的文件中连续读取 num-1 个字符，在第 num 个字符的位置自动添加'\0'，把读取的字符连同最后的'\0'存储到 str 表示的内存中。如果没有读完 num-1 个字符，提前遇到换行符（或到达文件末尾），那么读取结束。如果 fgets()函数读入了换行符，那么换行符会和其他字符一起存储。函数返回值是指向字符的指针，若读取成功则返回 str 的值，否则返回 NULL。

例 12-3 把文本文件"E：\data.txt"的内容输出到屏幕上。

程序代码如下：

```
# include<stdio.h>
# include<stdlib.h>
int main()
{
    FILE * fp＝fopen("E:\\data.txt","r");
```

```
        if(! fp)
        {
            printf("打开文件失败");
            exit(1);
        }

        char str[80];
        while((fgets(str,80,fp))!=NULL)
        {
            printf("%s",str);
        }
        fclose(fp);

        return 0;
    }
```

4. 写字符串函数 fputs( )

fputs()函数的函数原型为:

```
int fputs (const char * str,FILE * fp);
```

函数功能:把参数 str 指向的字符串写入参数 fp 指向的文件中。从 str 指向的内存中第一个字符开始,直到遇到空字符'\0'为止,把'\0'之前的字符依次写入 fp 指向的文件中,空字符'\0'不写入文件中。函数返回一个整数,若函数调用成功,则返回非负整数;若调用不成功,则返回 EOF。例如:

```
char str[]="Hello world.";
FILE * fp=fopen("E:\\data.txt","w");
fputs(str,fp);
```

把字符串"Hello world. "写入文件"E:\data. txt"中。

12. 3. 2　二进制文件的读写

C 语言提供了 fread()和 fwrite()函数实现对二进制数据文件的读/写操作。

1. fread( )函数

fread()函数能够以二进制的形式从文件中读取数据。fread()函数的函数原型如下:

```
unsigned int fread (void * ptr, unsigned int size, unsigned int count, FILE *
fp);
```

函数功能:从参数 fp 指针指向的文件中读取 size * count 个字节的二进制数据,存储到参数 ptr 指针指向的内存中。参数 size 是以字节为单位的单个数据块的大小,count 是要读取的数据块的个数。函数返回值是无符号整数,返回成功读取的数据块的个数。若返回值小于 count，则表示读取过程中出现错误，或者已读到文件末尾。这时可以用函数 ferror()或 feof()进行测试。

2. fwrite( )函数

fwrite()函数能够把数据以二进制的形式写入文件中。fwrite()函数的函数原型为：

```
unsigned int fwrite(const void * ptr, unsigned int size, unsigned int count,
FILE * fp);
```

函数功能：把参数 ptr 指向的内存中的数据以二进制格式写入参数 fp 指向的文件中。其中，参数 count 表示写入的数据块的个数，size 表示每个数据块的大小。函数返回值是无符号整数，返回成功写入文件的数据块的个数。若返回值不等于 count，则表示在写入的过程中出现错误，可以通过 ferror()函数进行测试。

例 12-4　在文件"E:\data.dat"中存储了 10 个整数，每个整数以二进制形式存储。读取这 10 个整数并计算其平均值，把结果存储到文件"E:\result.dat"中。

程序代码如下：

```
# include<stdio.h>
# include<stdlib.h>
int main()
{
    FILE * fp1=fopen("E:\\data.dat","rb");
    FILE * fp2=fopen("E:\\result.dat","wb");
    if(! fp1 || ! fp2)
    {
        printf("打开文件失败");
        exit(1);
    }

    int data[10];
    double result;

    int cnt=fread((void*)data,sizeof(int),10,fp1);
    if(cnt !=10)
    {
        printf("Read Error.");
        exit(1);
    }

    int i,sum=0;
    for(i=0;i<10;i++)
    {
        sum+=data[i];
    }
```

```
    result=sum/10.0;
    fwrite((void*)(&result),sizeof(double),1,fp2);

    fclose(fp1);
    fclose(fp2);

    return 0;
}
```

12.3.3　格式化读写

格式化读写函数 scanf()和 printf()可以按照指定格式从标准输入设备输入数据和向标准输出设备输出数据。C 语言也提供了与 scanf()和 printf()相似的库函数 fscanf()函数和 fprintf()函数，实现从文件流中按指定的格式读取和写入数据。

1. fprintf()函数

fprintf()函数按指定格式向文件中写入多种类型的数据。fprintf()函数的函数原型如下：

```
int fprintf(FILE* fp,const char* format,…);
```

函数功能：按照参数 format 指定的格式，把数据写入参数 fp 指向的文件中。函数返回值是整数，若函数调用成功，则返回输出字符的个数；否则返回 EOF。fprintf()函数的参数及用法与 printf()函数的参数及用法基本相似，不再赘述，详细内容请参考 6.3.2 节。

2. fscanf()函数

fscanf()函数按照指定的格式从文件中读取数据。fscanf()函数的函数原型如下：

```
int fscanf(FILE* fp,const char* format,…);
```

函数功能：从参数 fp 指向的文件中，按照 format 指定的格式读取数据。函数返回值是整数，若函数调用成功，则返回输入数据的个数；否则返回 EOF。fscanf()函数的参数及用法与 scanf()函数的参数及用法基本相似，不再赘述，详细内容请参考 6.3.3 节。

例 12-5　在文件"E:\data.txt"中存储了一组整数，两个整数之间用空格分隔，读取这些整数并计算其平均值，把结果存储到文件"E:\result.txt"中。

程序代码如下：

```
# include<stdio.h>
# include<stdlib.h>
int main()
{
    FILE* fp1=fopen("E:\\data.txt","r");
    FILE* fp2=fopen("E:\\result.txt","w");
```

```
    if(! fp1 || ! fp2)
    {
        printf("打开文件失败");
        exit(1);
    }

    int x, cnt＝0, sum＝0;
    double result;

    while(fscanf(fp1, "%d", &x)! ＝EOF)
    {
        cnt＋＋;
        sum＋＝x;
    }

    result＝1.0 * sum /cnt;
    fprintf(fp2, "%f", result);

    fclose(fp1);
    fclose(fp2);

    return 0;
}
```

12.3.4　随机读写

在上述操作中，对文件中数据的读写都是顺序进行的，从文件的首部依次读写数据。在实际应用中，经常需要对数据文件实现随机读写，在指定的位置读写数据。为此，C语言提供了实现数据随机读写的库函数。

实现随机读写的关键是确定文件位置指针。文件位置指针是一个虚拟的指针，指向下一个要读写的数据。刚刚打开文件时，根据打开模式，文件位置指针指向文件的起始处或末尾处。例如，在使用 fopen()函数打开一个文件时，使用"a""a＋""ab""ab＋"等追加方式，文件位置指针指向文件的末尾。以其他方式打开文件时，文件位置指针均指向文件的起始位置。

随着读写操作的进行，文件位置指针会自动推进。所以，在实现文件的随机读写之前，首先需要确定文件位置指针的值。

1. rewind()函数

rewind()函数的原型如下：

```
void rewind(FILE * fp);
```

函数功能：使参数 fp 指向的文件中的文件位置指针指向文件的起始位置。该函数无返回值。

2. fseek( )函数

fseek()函数的原型如下：

```
int fseek(FILE * fp,long int offset,int origin);
```

函数功能：调整文件位置指针到指定的位置。其中，fp 是指向文件的文件指针。offset 指定文件位置指针的偏移量(以字节为单位)，如果 offset 大于 0，那么文件位置指针向文件尾部方向偏移 offset 个字节；如果 offset 小于 0，那么文件位置指针向文件首部方向偏移│offset│个字节。origin 表示参照位置，用宏常量表示，分别是：

(1)SEEK_SET：以文件首部为参照点，即从文件首部偏移 offset 个字节；

(2)SEEK_CUR：以当前位置为参照点，即从当前位置偏移 offset 个字节；

(3)SEEK_END：以文件末尾为参照点，即从文件末尾偏移 offset 个字节。

宏常量 SEEK_SET、SEEK_CUR、SEEK_END 分别可以用 0、1，2 替换。

该函数的返回值是整数，若函数调用成功则返回 0；否则返回非 0。

3. ftell( )函数

ftell()函数的原型如下：

```
long int ftell(FILE * fp);
```

函数功能：取得当前文件位置指针的值，用相对于文件开头的位移字节数表示。函数返回值是长整数，如果函数调用成功，那么返回文件位置指针的当前位置；否则返回-1L。

例 12-6 文本文件"E:\data. txt"中有一段文本"Have a nice day."

(1)计算并输出该文件的大小；

(2)把 nice 改为 good。

程序代码如下：

```
# include<stdio. h>
# include<stdlib. h>
# include<string. h>
int main()
{
    FILE * fp= fopen("E:\\data.txt","r+");
    if(! fp)
    {
        printf("打开文件失败");
        exit(1);
    }

    fseek(fp,0,SEEK_END);   //文件位置指针指向文件末尾
    int len= ftell(fp);
    printf("文件大小:%d 个字节。\n",len);
```

```
rewind(fp);    //文件位置指针重新指向文件首部

char str[30];
while((fscanf(fp,"%s",str)!=EOF))
{
    if(strcmp(str,"nice")==0)break;    //找到 nice
}

fseek(fp,-strlen("nice"),SEEK_CUR);    //文件位置指针退到 nice 词首

fprintf(fp,"%s","good");//在当前位置写入 good,nice 改为 good

fclose(fp);

return 0;
}
```

习　题

程序设计题

1. 随机生成 100 个 3 位数的整数，存储到磁盘文件"E:\data.txt"中。

2. 从文件"E:\data.txt"中找出所有的水仙花数，把结果存储到"E:\result.ext"中。要求：每行输出 10 个数，每两个数之间用一个空格分隔，行末没有空格。其中，水仙花数是指 3 个数位的数字的立方和等于该数本身。

3. 在数据文件"E:\data.txt"中存储了一行文本"I love china."，请编写程序把 china 改为 China。

4. 设计结构体 Struct Student，包括学号(char sno[11])、姓名(char sname[30])、年龄(short int age)、总成绩(int score)等数据域。输入 5 个学生的信息，以二进制格式存储到磁盘文件"E:\data.dat"中。

5. 从"E:\data.dat"文件中把数据读出并且显示到显示器上。

附录1 标准 ASCII 码字符编码表

ASCII 码表

ASCII 值	控制字符	ASCII 值	控制字符	ASCII 值	控制字符	ASCII 值	控制字符
0	NUT	32	(space)	64	@	96	、
1	SOH	33	!	65	A	97	a
2	STX	34	"	66	B	98	b
3	ETX	35	#	67	C	99	c
4	EOT	36	$	68	D	100	d
5	ENQ	37	%	69	E	101	e
6	ACK	38	&	70	F	102	f
7	BEL	39	,	71	G	103	g
8	BS	40	(	72	H	104	h
9	HT	41	)	73	I	105	i
10	LF	42	*	74	J	106	j
11	VT	43	+	75	K	107	k
12	FF	44	,	76	L	108	l
13	CR	45	—	77	M	109	m
14	SO	46	,	78	N	110	n
15	SI	47	/	79	O	111	o
16	DLE	48	0	80	P	112	p
17	DCI	49	1	81	Q	113	q
18	DC2	50	2	82	R	114	r
19	DC3	51	3	83	X	115	s
20	DC4	52	4	84	T	116	t
21	NAK	53	5	85	U	117	u
22	SYN	54	6	86	V	118	v
23	TB	55	7	87	W	119	w
24	CAN	56	8	88	X	120	x
25	EM	57	9	89	Y	121	y
26	SUB	58	:	90	Z	122	z
27	ESC	59	;	91	[	123	{
28	FS	60	<	92	/	124		
29	GS	61	=	93	]	125	}
30	RS	62	>	94	ˆ	126	~
31	US	63	?	95	—	127	DEL

附录2   运算符的优先级与结合性

优先级	运算符	含义	结合方向
1	() [] -> .	括号 下标运算 成员运算 指向运算	左结合
2	! ~ ++ -- - * & (类型标识符) sizeof	逻辑非 按位取反 自增1 自减1 求负 指针解引用 取地址 强制类型转换 计算字节数	右结合
3	* / %	乘 除 取余	左结合
4	+ -	加法 减法	左结合
5	<< >>	左移位 右移位	左结合
6	< <= > >=	小于 小于等于 大于 大于等于	左结合
7	== !=	等于 不等于	左结合
8	&	按位与	左结合
9	^	按位异或	左结合
10	|	按位或	左结合
11	&&	逻辑与	左结合
12	||	逻辑或	左结合
13	?:	条件运算符	右结合
14	= += -= *= /= %= &= ^= |= <<= >>=	赋值运算符 复合赋值运算符	右结合
15	,	逗号运算符	左结合

参考文献

［1］谭浩强. C 程序设计［M］. 北京：清华大学出版社，2017.

［2］祁文青，刘志远，冯运仿，等. C 语言程序设计［M］. 北京：机械工业出版社，2018.

［3］明日科技. C 语言经典编程 282 例［M］. 北京：清华大学出版社，2012.